机械行业职业技能鉴定培训教材

工业机器人操作调整工

（技师、高级技师）

机械工业职业技能鉴定指导中心　组织编写

主　编　庞广信　何树洋

参　编　何善印　李　阳　杨旭东

　　　　程　遥　汤世雄

机 械 工 业 出 版 社

本书依据《职业技能标准　工业机器人操作调整工》编写。本书从职业能力培养的角度出发，力求体现职业培训的规律，满足职业技能鉴定培训的需要。本书采用模块化的方式编写，在编写过程中贯穿"以职业标准为依据，以企业需求为导向，以职业能力为核心"的理念。全书按职业功能分为五个单元，主要内容包括编程与调试、机器人系统应用方案制订与集成、机器人智能系统操作与调整、培训指导、管理。

为便于读者迅速抓住重点、提高学习效率，书中还精心设置了"培训目标"，高级别培训目标涵盖低级别的培训目标。每一单元后附有单元测试题，供读者巩固、检验学习效果时参考使用。

本书可作为工业机器人操作调整工技师、高级技师职业技能鉴定培训教材，也可供职业院校相关专业师生参考，还可供相关从业人员参加在职培训、就业培训、岗位培训时使用。

图书在版编目（CIP）数据

工业机器人操作调整工：技师、高级技师 / 庞广信，何树洋主编；机械工业职业技能鉴定指导中心组织编写 . —北京：机械工业出版社，2020.6
机械行业职业技能鉴定培训教材
ISBN 978-7-111-66096-5

Ⅰ . ①工… 　Ⅱ . ①庞… ②何… ③机… 　Ⅲ . ①工业机器人 - 操作 - 职业技能 - 鉴定 - 教材 　Ⅳ . ① TP242.2

中国版本图书馆 CIP 数据核字（2020）第 124763 号

机械工业出版社（北京市百万庄大街 22 号　邮政编码 100037）
策划编辑：陈玉芝　责任编辑：陈玉芝　王　博
责任校对：梁　静　封面设计：马精明
责任印制：常天培
北京盛通商印快线网络科技有限公司印刷
2020 年 9 月第 1 版第 1 次印刷
184mm×260mm・10.75 印张・267 千字
0 001—1 000 册
标准书号：ISBN 978-7-111-66096-5
定价：39.80 元

电话服务　　　　　　　　网络服务
客服电话：010-88361066　机 工 官 网：www.cmpbook.com
　　　　　010-88379833　机 工 官 博：weibo.com/cmp1952
　　　　　010-68326294　金 书 网：www.golden-book.com
封底无防伪标均为盗版　机工教育服务网：www.cmpedu.com

前　言

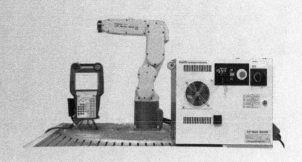

为了深入实施《中国制造2025》《机器人产业发展规划（2016—2020年）》《智能制造发展规划（2016—2020年）》等强国战略规划，根据《制造业人才发展规划指南》，为实现制造强国的战略目标提供人才保证，机械工业职业技能鉴定指导中心组织国内工业机器人制造企业、应用企业和职业院校历经两年编制了《职业技能标准　工业机器人装调维修工》和《职业技能标准　工业机器人操作调整工》，并进行了职业技能标准发布，同时启动了相关职业技能培训教材的编写工作。

《职业技能标准　工业机器人装调维修工》和《职业技能标准　工业机器人操作调整工》分为中级、高级、技师、高级技师四个等级，内容涵盖了工业机器人生产与服务中所涉及的工作内容和工作要求，适用于工业机器人系统及工业机器人生产线的装配、调试、维修、标定、操作及应用等技术岗位从业人员的职业技能水平考核与认定。

工业机器人职业技能标准的发布，填补了目前我国该产业技能人才培养评价标准的空白，具有重大意义。相关标准正在迅速应用到工业机器人行业技能人才培养和职业能力等级评定工作中，对宣传贯彻工业机器人职业技能标准、弘扬工匠精神、助力中国智能制造发挥了重要作用。

为了使工业机器人职业技能标准符合现实的行业发展情况并符合企业岗位要求和从业人员技能水平考核要求，机械工业职业技能鉴定指导中心召集了工业机器人制造企业和集成应用企业、高等院校、科研院所的行业专家参与配套培训教材的编写工作。

本书以《职业技能标准　工业机器人操作调整工》为依据，介绍了技师、高级技师需掌握的知识和技能。作为与工业机器人职业技能鉴定配套的培训教材，本书侧重理论联系实际，对相关知识的学习者和相关岗位的从业者具有指导意义。

本书的编写得到了多所职业院校、企业及职业技能鉴定单位的支持。本书由庞广信、何树洋任主编，参加本书编写的还有何善印、李阳、杨旭东、程遥、汤世雄。

由于编者水平有限，书中难免有错漏之处，恳请读者批评指正。

编　者

目 录

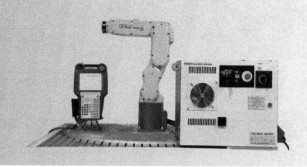

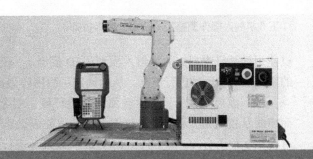

第一单元

编程与调试

第一节　示　教　调　试

培训目标
- 能编制机器人及设备联动总控程序
- 能使用机器人工具坐标系、工件坐标系，解决工具改变或布局位置改变时程序实用性问题
- 能调整机器人的工作位姿，使机器人末端达到工作要求，避免末端执行器被干扰

导读

用机器人代替人进行作业时，必须预先对机器人发出指示，规定其应该完成的动作和作业的具体内容。这个过程就称为对机器人的示教或编程。要想让机器人实现人们所期望的动作，必须赋予其各种信息。首先是机器人动作顺序的信息及外部设备的协调信息；其次是与机器人工作时的附加条件信息；再次是机器人的位置和姿态信息。在此过程中很大程度上是与机器人要完成的工作以及相关的工艺要求有关，对机器人位置和姿态的示教通常是示教调试的重点。

一、机器人位置运行控制程序编程方法

目前，对机器人位姿比较常见的示教方式为直接示教和离线示教，而随着计算机虚拟现实技术的快速发展，出现了虚拟示教编程系统。

1. 示教分类

（1）直接示教　所谓直接示教，就是指通常所说的手把手示教，通过示教盒或操作杆操作机器人的手臂对其进行示教。在这种示教中，为了示教方便以及获取信息的快捷而准确，操作者可以选择在不同坐标系下示教，例如，可以选择关节坐标系、直角坐标系、工具坐标系和用户坐标系等。

（2）离线示教　离线示教又称为离线编程，与直接示教不同，操作者不对实际作业的机器人直接进行示教，而是脱离实际作业环境生成示教数据，间接地进行示教。在离线示教中，通

过使用计算机内存储的机器人模型（3D 模型），不要求机器人实际产生运动，便能在示教结果的基础上对其运动进行仿真，从而确定示教内容是否恰当及机器人是否按人们期望的方式运动。

（3）虚拟示教　直接示教面向作业环境，相对来说比较简单直接，适用于批量生产场合；而离线示教则充分利用计算机图形学的研究成果建立机器人及其环境物模型，然后利用计算机可视化编程语言 Visual C11（或 Visual Basic）进行作业离线规划、仿真，但是它在作业描述上不能简单直接地呈现，对使用者来说要求较高。而虚拟示教编程则充分利用了上述两种示教方法的优点，即借助于虚拟现实系统中的人机交互装置（例如，数据手套、游戏操纵杆、力觉笔杆等）操作计算机屏幕上的虚拟机器人动作，利用应用程序界面记录示教点位姿、动作指令并生成对应的作业程序文件，最后下载到机器人控制器后，完成示教。

2. 机器人语言分类和语言系统的组成

（1）机器人语言分类　上述示教方法的实现都离不开对机器人语言的掌握。目前，人们一般按照作业描述水平的高低将机器人语言分为动作级、对象级和任务级三类。其中，动作级语言是以机器人的运动作为描述中心，由一系列命令组成，一般一个命令对应一个动作，语言简单，易于编程，缺点是不能进行复杂的数学运算。而对象级语言是以描写操作物之间的关系为中心的语言。相比较而言，任务级是比较高级的机器人语言，这类语言允许使用者对工作任务要求达到的目标直接下命令，不需要规定机器人所做的每个动作的细节。只要按某种原则给出最初的环境模型和最终的工作状态，机器人可自动进行推理计算，最后生成运行程序。

（2）机器人语言系统的组成　机器人语言系统从模块化的思维考虑，主要包括以下几种模块：

1）主控程序模块。对来自示教盒 / 面板的请求给予相应的服务。

2）运动学模块。此模块是机器人运动的关键，包括机器人运动学的正、反解以及路径规划，完成机器人的关节、直线、圆弧插补功能模块。

3）外设控制模块。实现对与机器人系统有关的外围设备的控制。

4）通信模块。支持主机和示教盒、PLC（单片机）及伺服单元的通信。

5）管理模块。提供方便的机器人语言示教环境；支持对示教程序的示教、编辑（插入、删除、复制）、装入、存储等操作；完成系统各功能之间的切换。

6）机器人语言解释器模块。对机器人语言的示教程序进行编译、扫描及语言法检查，最后解释执行。

7）示教模块。利用示教盒来改变操作机末端执行器的位置和姿态。

8）报警模块。对出错信息的处理及响应。

二、机器人与外围设备通信控制信号的含义与应用

工业机器人的硬件结构一般是由系统和多个伺服驱动系统协作完成各种各样的动作，而控制工业机器人本质上就是控制数个电动机正转、反转、加速运转或者减速运转，从而实现多轴插补运动。

实际上，在整个工业机器人产业，机器人本体的价值大致占到了 1/3，另外的 2/3 主要是由机器人周边的集成设备和工业软件占据。众所周知，工业机器人越来越像是一个标准件，要想按照现场实际将其灵活的运用起来，就需要周边设备和工业软件的配合参与，如工装夹具、传送带、焊接变位机、移动导轨等都需要与机器人进行相互通信。

一个生产线一般需要多个工业机器人工作站协作，生产线上还包括其他相对独立的自动化设备，比如 AGV（自动导引运输车）、自动化立体仓库、喷涂设备和装配设备等。此时，工作站与工作站之间就需要更高一层的 PLC 进行协调。例如，一条输送生产线在 A、B、C 三个位置有三个工业机器人工作站，代表三个工位需要进行三种工艺操作，PLC 首先控制传送带运动，工件到达工位 A，该位置的传感器检测到工件到位后发送信号给 PLC，PLC 接收到此输入信号，同时综合其他一些外部信号判断此时工位 A 的机器人可以开始工作，则通过 PLC 输出一个信号给机器人 A 允许其工作；机器人 A 执行任务后，再反馈一个工作完成信号给 PLC，PLC 接受此信号后继续开动电动机控制传送带把工件运到工位 B，重复以上逻辑过程。

工业机器人的应用一般都离不开通信模块的参与。工业机器人与 PLC 之间的通信有"I/O"连接和通信线连接两种方式，下面以最常用的"I/O"连接的方式介绍其控制方法，如图 1-1 所示。

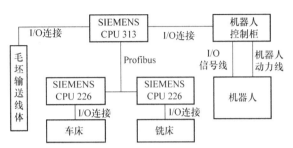

图1-1 工业机器人与PLC通信系统构成

图 1-1 所示 PLC 采用西门子品牌，S7-300 与 S7-200 使用 Profibus 相连；图 1-2 所示 S7-300 作为上位机，图 1-3 所示 S7-200 与车床通过 I/O 信号相连；图 1-4 所示 S7-200 与铣床通过 I/O 信号相连；工业机器人本体和控制器之间使用自带通信电缆连接。

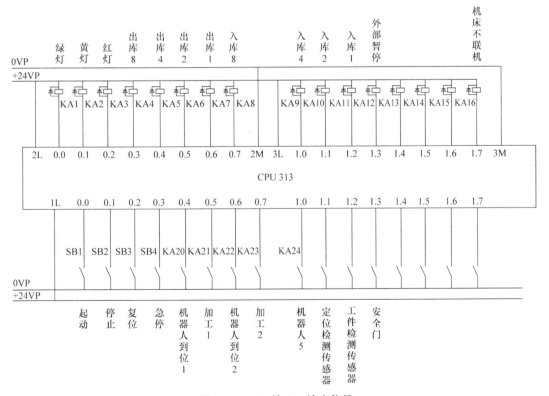

图1-2 S7-300输入、输出信号

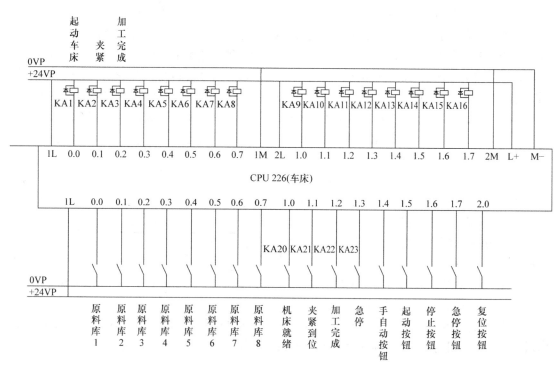

图1-3　S7-200输入、输出信号（控制车床）

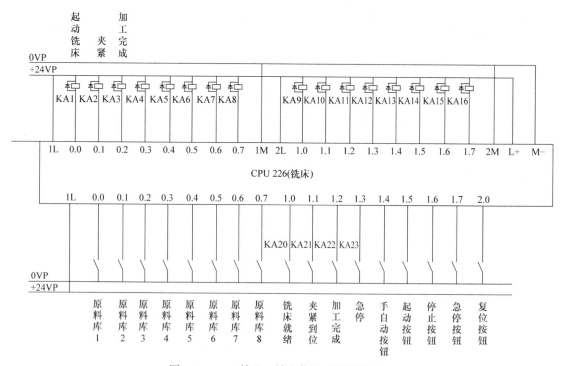

图1-4　S7-200输入、输出信号（控制铣床）

三、机器人工具坐标标定基本原理

工业机器人在实际应用中通常在其末端执行器上固定特殊的工装作为工具，如夹具、焊枪等装置，在这些工具上的某个固定位置上通常要建立一个坐标系，即工具坐标系。机器人的轨迹规划通常是在添加了上述工具之后，针对工具的某一点进行，这一点被称为工具中心点（Tool Center Point，TCP）。一般情况下，工具坐标系的原点就是TCP，当工具被安装在机器人末端执行器上之后，除非人为改变其安装位置，否则工具坐标系相对于机器人末端坐标系的关系是固定不变的。

正确的工具坐标系标定对机器人的轨迹规划具有重要影响，而且机器人的工具可能会针对不同的应用场景需要经常更换工具坐标系，因此，快速、准确的机器人工具坐标系标定方法非常重要。

在工具坐标系的标定系统中一般分为两个部分的标定，即工具中心点（TCP）的位置标定以及工具坐标系姿态（TCF）标定，通常TCP位置的确定可根据具体标定装置选择标定点数，标定点数的选择范围是3~7，一共有5种选择方式，而工具坐标系姿态（TCF）的标定通常分为默认方向标定、ZX方向标定以及Z方向标定。对于TCP标定，无论选择3~7点标定中的哪一种，都需要控制机器人以多个姿态，约束其末端TCP处于同一个点。通常，都是使机器人的工具以不同的姿态接触空间内的一个固定点，保证TCP在多个姿态下，相对于机器人基坐标系的位置不变，定位过程中记录每一组关节角，得到变换矩阵。结合这几组数据，通过建立一定的数学关系即可以计算出TCP。当TCP被标定之后，工具坐标系姿态TCF的标定则可分三种：对于默认X方向的TCF标定，可将工具坐标系TCP的X方向作为TCF的方向，只需要标定出TCP参数即可完成对TCF的标定；对于ZX方向的TCF标定，只需要确定Z和X两个轴的方向，根据右手定则即可以得到第三轴Y的方向，从而确立TCF；对于Z方向标定，只需标定出Z轴方向，X轴方向选择和基坐标系X轴方向相同或者与基坐标系Y轴方向相同，TCF的第三轴Y使用右手定则即可进行确定。

（1）工具坐标系的标定方法 工具坐标系把机器人腕部法兰盘所持工具的有效方向作为Z轴，并把坐标系原点定义在工具的尖端点，如图1-5所示。当工具坐标系未定义时，系统自动采用默认的工具，这时，工具坐标系与手腕法兰盘处的手腕坐标系重合。当机器人跟踪笛卡儿空间某路径时，必须正确定义工具坐标系。在机器人示教移动过程中，若所选坐标系为工具坐标系，则其将沿工具坐标系坐标轴方向移动或者绕坐标轴旋转。当绕坐标轴旋转时工具坐标系的原点位置将保持不变，这叫作控制点不变的操作。在直角坐标系及用户坐标系中也可实现类似动作。此方法可用于校核工具坐标系，若在转动过程中工具坐标系原点移动，则说明工具坐标系参数错误或者误差较大，需要重新标定或者设置工具坐标系。

在示教盒上用[模式选择]键选择"示教"模式，通过[坐标设定]键，切换系统的动作坐

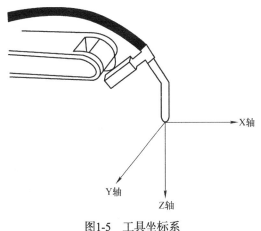

图1-5 工具坐标系

标系为工具坐标系，按下 [使能开关] 键，通过 [轴操作] 键，可使得机器人控制端点 TCP 在工具坐标系各个轴的方向移动，与直角坐标系下的 [轴操作] 键类似。关于工具坐标系的设定，务必先熟悉示教操作流程。

1）直接输入法。在已知工具尺寸等详细参数时，可用直接输入法，进入"直接输入法设置工具坐标"界面，输入相应项的值即可完成工具坐标系的设定，如图 1-6 所示。

2）三点法。在工具参数未知的情况下，可以采用三点法来进行工具坐标系的设定。

第一步：进入工具坐标系三点法设置界面，如图 1-7 所示。

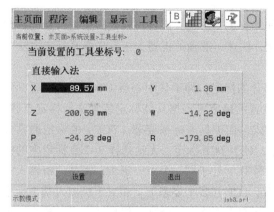

图1-6　直接输入法

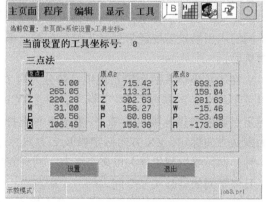

图1-7　工具坐标系三点法设置界面

第二步：将 TCP 分别以三个方向靠近参考点，然后按下 [获取示教点] 键，记录三个原点的坐标值，用于计算 TCP 的位置。为取得更好的计算结果，三个方向两两之间最好相差 90°且不能在一个平面上。三个原点的参考姿态如图 1-8 所示。

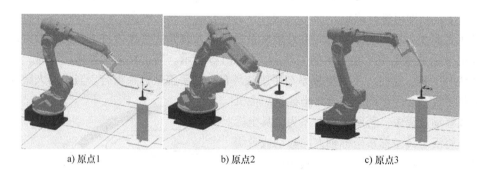

a）原点1　　　　　　　　b）原点2　　　　　　　　c）原点3

图1-8　三个原点的参考姿态

第三步：取点过程中如果出现取点错误，可以重新取点。

第四步：按下 [设置] 键，完成设定。

3）五点法。在工具参数未知的情况下，还可以采用五点法来进行工具坐标系的设定。在五点法中，需要获取三个原点和两个方向点。

第一步：进入工具坐标系五点法设置界面，如图 1-9 所示。

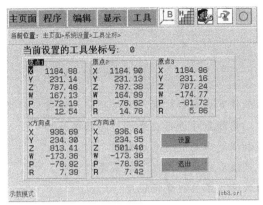

图1-9 工具坐标系五点法设置界面

第二步：首先，移动机器人到三个原点，按下 [获取示教点] 键，然后示教机器人沿用户设定的 +X 方向移动至少 250mm，如图 1-10a 所示；按下 [获取示教点] 键；再示教机器人沿用户设定的 +Z 方向至少移动 250mm，如图 1-10b 所示，按下 [获取示教点] 键，记录完成。三个原点姿态可参照图 1-8 所示三点法中的原点。两个方向点的参考姿态如图 1-10 所示。

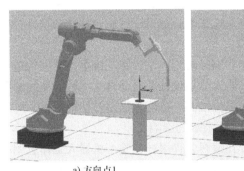
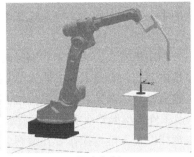

a) 方向点1　　　　　　　　　　　b) 方向点2

图1-10 两个方向点的参考姿态

第三步：取点过程中如果出现取点错误，可以重新取点。

第四步：按下 [设置] 键，完成设定。

（2）工具坐标系检验 工具坐标系设定完成后立即生效。需要对其进行检验，具体步骤如下：

1）检验 X、Y、Z 轴方向。①按 [坐标设定] 键，切换坐标系为工具坐标系⏧。②示教机器人分别沿 X、Y、Z 轴方向运动，检查工具坐标系的方向设定是否符合要求。

2）检验 TCP 位置。

① 按 [坐标设定] 键，切换坐标系到直角坐标系⏧或工具坐标系⏧。

② 移动机器人对准基准点，示教其绕 X、Y、Z 轴旋转，检查 TCP 的位置是否符合要求。

如果以上检验结果不符合要求，则需要重新设置工具坐标系。

注意：

为了更方便地创建工具坐标系，将光标移动到"原点 1"（或者"原点 2""原点 3""+X 方向点""+Z 方向点"）处，可通过 [使能开关]+[前进]/[后退] 组合键，将工业机器人示教到"原点 1"（或者"原点 2""原点 3""+X 方向点""+Z 方向点"）处，即可恢复各个点的位置，进行微调节。

<h1 style="text-align:center">第二节　离　线　编　程</h1>

培训目标

➢ 能使用离线编程软件完成多台机器人联动程序的编程与调试
➢ 能根据现场条件对离线程序进行在线调整与精度补偿
➢ 能结合设计方案和现场布局进行离线编程
➢ 能根据自动化生产线现场生产情况，调试离线程序
➢ 能使用离线编程软件生成共线生产程序

一、仿真及离线编程工程应用流程知识

随着工业机器人的工作对象朝着广泛化、精密化、复杂化发展，在企业对生产效率有了进一步要求的背景下，传统手工示教在线编程越来越不能满足机器人加工快速、高精度、高效率的需求。尤其是在工业机器人切割、焊接、喷涂和雕刻等行业，离线编程方式越来越备受关注，不仅可替代传统的手动示教编程，实现快速编程，也可通过轨迹优化和误差补偿，提升了工业机器人的实际运行效率和加工精度。

离线编程主要利用机器人姿态规划和路径规划算法，在三维虚拟空间构造虚拟工作站，结合焊接、喷涂等具体工艺，实现工业机器人节拍设计和自动自主编程。离线编程软件集成了机器人运动仿真、碰撞检测、奇异点和轴限位检测、机器人误差补偿模块等，可大大减小机器人绝对定位精度以及工件模型误差对实际加工造成的影响。

工业机器人离线编程，是指操作者在编程软件里构建整个机器人工作应用场景的三维虚拟环境，然后根据加工工艺等相关需求，进行一系列操作，自动生成机器人的运动轨迹，即运动控制指令，然后在软件中仿真与调整轨迹，最后生成工业机器人执行程序传输给工业机器人。离线编程软件一般可以进行布局工作站、建立工业机器人系统、手动操作工业机器人、创建工件坐标、编辑轨迹程序、仿真运行工业机器人和录制视频等任务，实现工业机器人基本工作站的仿真设计。下面介绍几款工业用的主流离线编程软件。

（1）Robot Studio　Robot Studio 软件，在市场上使用比较广泛。Robot Studio 支持机器人的整个生命周期，使用图形化编程、编辑和调试系统来创建机器人的运行程序和模拟优化现有的程序。

Robot Studio 包括如下功能：

1）CAD 导入。可方便地导入各种主流 CAD（计算机辅助设计）格式的数据，包括 IGES、STEP、VRML、VDAFS、ACIS 及 CATIA 等。程序员可依据这些精确的数据编制精度更高的机器人程序，从而提高产品质量。

2）Auto Path（自动路径）功能。该功能通过使用待加工零件的 CAD 模型，仅在数分钟之内便可自动生成跟踪加工曲线所需的机器人位置（路径），而这项任务以往通常需要数小时甚至数天。

3）程序编辑器。可生成机器人程序，使用户能够在 Windows 环境中离线开发或维护机器人程序，可显著缩短编程时间、改进程序结构。

4）路径优化。如果程序包含接近奇异点的机器人动作，Robot Studio 可自动检测出来并发出报警，从而防止其在实际运行中发生这种现象。仿真监视器是一种用于机器人运动优化的可视工具，红色线条显示可改进之处，以使其按照最有效的方式运行。可以对 TCP 速度、加速度、奇异点或轴线等进行优化，缩短周期时间。

5）可到达性分析。通过 Auto Reach（自动到达）可自动进行可到达性分析，使用十分方便，用户可通过该功能任意移动机器人或工件，直到所有位置均可到达，在数分钟之内便可完成工作单元平面布置验证和优化。

6）虚拟示教台。是实际示教台的图形显示，其核心技术是 Virtual Robot。从本质上讲，所有可以在实际示教台上进行的工作都可以在虚拟示教台上完成，因而是一种非常出色的教学和培训工具。

7）事件表。一种用于验证程序的结构与逻辑的理想工具。程序运行期间，可通过该工具直接观察工作单元的 I/O 状态。可将 I/O 连接到仿真事件，实现工位内机器人及所有设备的仿真。事件表是一种十分理想的调试工具。

8）碰撞检测。碰撞检测功能可避免设备碰撞造成的严重损失。选定检测对象后，Robot Studio 可自动监测并显示程序执行时这些对象是否会发生碰撞。

9）VBA 功能。可采用 VBA 改进和扩充 Robot Studio 功能，根据用户具体需要开发功能强大的外接插件、宏，或定制用户界面。

10）直接上传和下载。整个机器人程序无须任何转换便可直接下载到实际的机器人系统，该功能得益于其开发公司独有的 Virtual Robot 技术。

Robot Studio 的缺点是只支持本公司品牌机器人，机器人间的兼容性很差。Robot Studio 软件界面如图 1-11 所示。

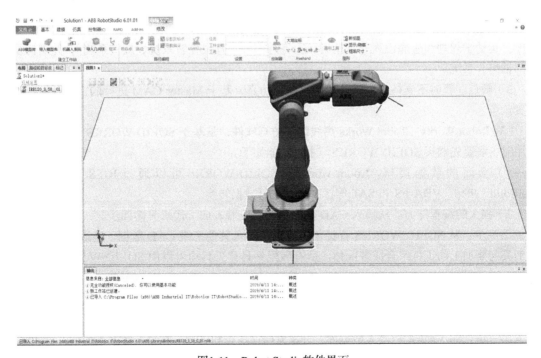

图1-11　Robot Studio软件界面

（2）Robot Master　Robot Master 是离线编程软件，几乎支持市场上绝大多数工业机器人品牌（KUKA、ABB、Fanuc、Motoman、史陶比尔、三菱、松下等）。Robot Master 软件界面如图 1-12 所示。

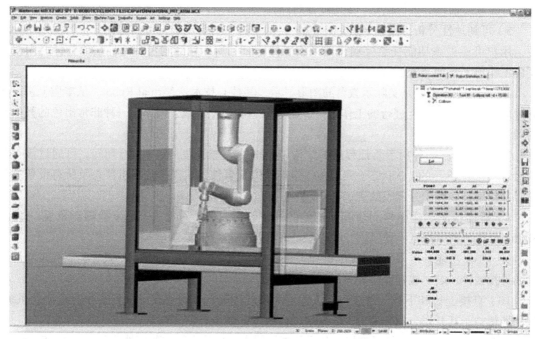

图1-12　Robot Master软件界面

1）功能。Robot Master 在 Master CAM 中无缝集成了机器人编程、仿真、代码生成功能，提高了编程速度。

2）优点。可以按照产品数模，生成程序，适用于切割、铣削、焊接和喷涂等。具备优化功能，运动学规划和碰撞检测非常精确，支持外部轴（直线导轨系统、旋转系统），并支持复合外部轴组合系统。

3）缺点。暂时不支持多台机器人同时模拟仿真，基于 Master CAM 进行的二次开发，价格昂贵。

（3）Robot Works　Robot Works 离线编程仿真软件，是基于 SOLID WORKS 做的二次开发。使用时，需要先购买 SOLID WORKS。主要功能如下：

1）全面的数据接口。Robot Works 与 SOLID WORKS 可以通过 IGES、DXF、DWG、PrarSolid、Step、VDA-FS 和 SAT 等标准接口进行数据转换。

2）强大的编程能力。从输入 CAD 数据到输出机器人加工代码只需四步。

第一步：从 SOLID WORKS 直接创建或直接导入其他三维 CAD 数据，选取定义好的机器人工具与要加工的工件组合成装配体。所有装配夹具和工具均可以用 SOLID WORKS 自行创建调用。

第二步：Robot Works 选取工具，然后直接选取曲面的边缘或者样条曲线进行加工产生数据点。

第三步：调用所需的机器人数据库，开始做碰撞检查和仿真，在每个数据点均可以自动修正，包含工具角度控制、引线设置，增加、减少加工点，调整切割次序，在每个点增加工艺参数。

第四步：Robot Works 自动产生各种机器人代码，包含笛卡儿坐标数据、关节坐标数据、工具坐标系数据和加工工艺等，并按照工艺要求保存不同的代码。

3）强大的工业机器人数据库。系统支持市场上主流的工业机器人，提供各大工业机器人各个型号的三维数据模型。

4）完美的仿真模拟。独特的机器人加工仿真系统可对机器人手臂，工具与工件之间的运动进行自动碰撞检查、轴超限检查，自动删除不合格路径并调整，还可以自动优化路径，减少空跑时间。

5）开放的工艺库定义。系统提供了完全开放的加工工艺指令文件库，用户可以按照自己的实际需求自行定义、添加、设置特定工艺，所添加的任何指令都能输出到机器人加工数据里面。优点是生成轨迹方式多样，支持多种机器人、外部轴；缺点是由于基于 SOLID WORKS，而 SOLID WORKS 本身不具备 CAM 功能，无法利用该软件来规划生产设备管理控制和操作的过程。需要通过第三方软件设计工艺路线和工序内容，才可完成机器人的运动轨迹。因此，编程烦琐，机器人运动学规划策略智能化程度低。

Robot Works 软件界面如图 1-13 所示。

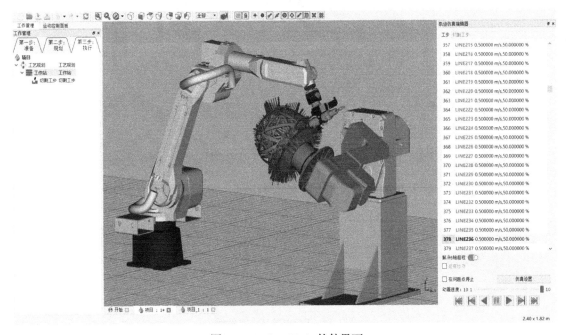

图1-13 Robot Works软件界面

（4）ROBCAD ROBCAD 软件，重点在生产线仿真，支持离线点焊、多台机器人仿真、非机器人运动机构仿真和精确的节拍仿真，ROBCAD 主要应用于产品生命周期中的概念设计和结构设计两个前期阶段。

1）ROBCAD 主要特点包括：①与主流的 CAD 软件（如 NX、CATIA、IDEAS）无缝集成；②实现工具工装、机器人和操作者的三维可视化；③制造单元、测试以及编程的仿真。

2）ROBCAD 的主要功能包括：

① Workcell and Modeling，对白车身（Body in White）生产线进行设计、管理和信息控制。

② Spot and OLP，完成点焊工艺设计和离线编程。

③ Human，实现人因工程分析。

④ Application 中的 Arc、Laser 等模块可以实现生产制造中弧焊、激光加工、辊边等工艺的仿真验证及离线程序输出。

⑤ ROBCAD 的 Paint 模块可以实现对喷涂的设计、优化和离线编程，其功能包括喷涂路线的自动生成，多种颜色喷涂厚度的仿真，喷涂过程的优化等。

ROBCAD 的缺点是价格昂贵，离线功能较弱，使用从 Unix 移植过来的界面，人机界面不友好。

ROBCAD 软件界面如图 1-14 所示。

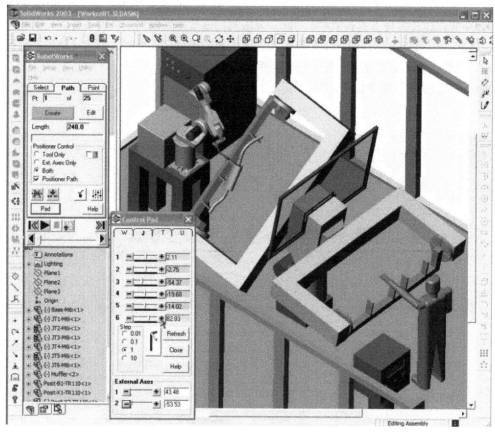

图1-14　ROBCAD软件界面

（5）DELMIA　DELMIA 软件，有 6 大模块，其中 ROBOTICS 解决方案涵盖汽车领域的发动机、总装和白车身（Body-in-White），航空领域的机身装配、维修维护以及一般制造业的制造工艺。使用 DELMIA 机器人模块，用户能够实现以下目标：

1）从可搜索的含有超过 400 种以上的机器人资源目录中，下载机器人和其他工具资源。

2）利用工厂布置规划工程师所要完成的工作。

3）将加入工作单元中工艺所需的资源进一步细化布局。

但是，DELMIA 属于专家型软件，操作难度高且费用昂贵。DELMIA 软件界面如图 1-15 所示。

图1-15　DELMIA软件界面

（6）ROBOGUIDE　ROBOGUIDE是离线编程工具，它是围绕一个离线的三维空间模拟现实中的工业机器人和周边设备的布局，通过其中的TP示教，进一步来模拟它的运动轨迹。通过这样的模拟可以验证方案的可行性，同时获得准确的周期时间。ROBOGUIDE还包括搬运、弧焊、喷涂等其他模块。ROBOGUIDE软件界面是传统的WINDOWS界面，由菜单栏、工具栏、状态栏等组成，如图1-16所示。该软件的策略智能化程度与Robot Master有较大差距。

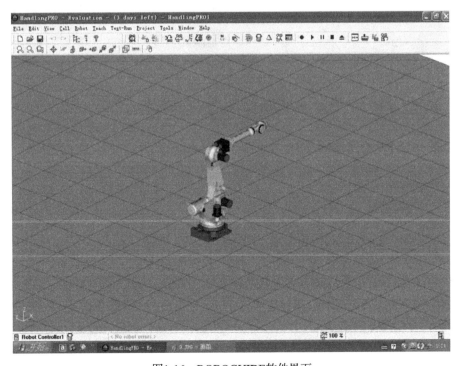

图1-16　ROBOGUIDE软件界面

该软件支持机器人系统布局设计和动作模拟仿真，可进行机器人干涉性、可达性的分析和系统的节拍估算，还能够自动生成机器人的离线程序，优化机器人的程序以及进行机器人故障的诊断等。

（7）Robot Assist Robot Assist 软件，是主要用于辅助用户编程的离线软件。广泛应用于打磨、去毛刺、焊接、激光切割、数控加工和雕刻等领域。对于熟悉机器人的用户来说，这款软件操作比较简单，学习周期短容易上手。

该软件适用于轨迹点数据比较多、复杂，或者是低速匀速状态运行作业的编程任务，不太适用于大型、复杂产线方案支持。它的功能包括方案设计、设备选型、集成调试及产品改型等。软件根据几何数模的拓扑信息生成机器人运动轨迹，然后进行轨迹仿真、路径优化、后置代码编写，同时集碰撞检测、场景渲染、动画输出于一体，可快速生成效果逼真的模拟动画。

Robot Assist 离线软件本身不能生成轨迹，需要通过第三方软件实现，如 UG、Master Cam 等。通过第三方软件生成 NC 应用程序轨迹，再把轨迹导入 Robot Assist 软件即可直接仿真生成机器人程序，然后复制对应程序到机器人系统，经过调试即可使用。Robot Assist 软件界面如图 1-17 所示。

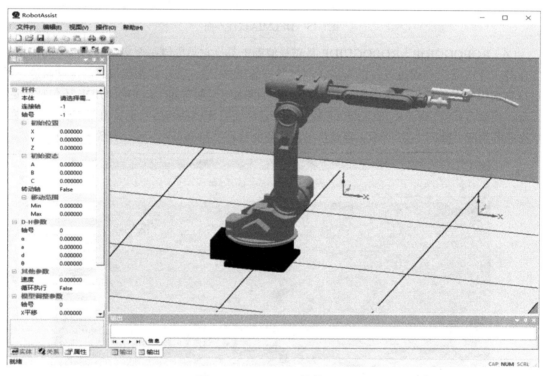

图1-17　Robot Assist软件界面

（8）Robot Art　Robot Art 是工业机器人离线编程仿真软件，其功能强大，包括高性能 3D 平台，基于几何拓扑与历史特征的轨迹生成与规划，自适应机器人求解算法与后置生成技术，支持深度自定义的开放系统架构，事件仿真与节拍分析技术，在线数据通信与互动技术等。

Robot Art 教育版针对教学实际情况，增加了模拟示教盒、自由装配等功能，帮助初学者在虚拟环境中快速认识机器人，快速学会机器人示教盒基本操作，降低学习成本。Robot Art 软件界面如图 1-18 所示。

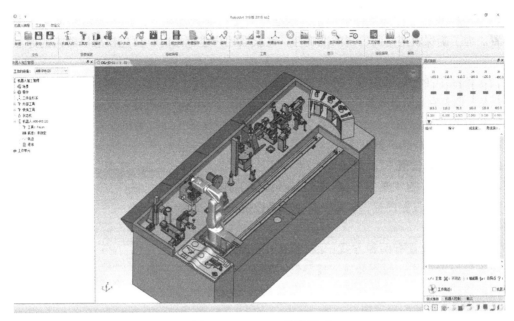

图1-18 Robot Art软件界面

1）Robot Art 的优点包括：

① 支持多种格式的三维 CAD 模型，可导入扩展名为 step、igs、stl、x_t、prt（UG）、prt（ProE）、catpart、sldpart 等格式；

② 支持多种品牌工业机器人离线编程操作，如 ABB、KUKA、Fanuc、Yaskawa、Staubli、KEBA 系列、广数 GSK 系列、新时达等；

③ 拥有大量航空航天高端应用经验；

④ 自动识别与搜索 CAD 模型的点、线、面信息生成轨迹；

⑤ 轨迹与 CAD 模型特征关联，模型移动或变形，轨迹自动变化；

⑥ 一键优化轨迹与工业机器人的几何碰撞检测；

⑦ 支持多种工艺包，如切割、焊接、喷涂、去毛刺和数控加工等；

⑧ 支持将整个工作站仿真动画发布到网页、手机端。

2）Robot Art 的缺点包括：软件不支持整个生产线仿真，对外国小品牌机器人也不支持。

二、机器人工具坐标系和工件坐标系变换补偿理论和方法

机器人工具坐标系及用户坐标（可用作工件坐标）系分末端 TCP 和外部 TCP 这两种情况。末端 TCP 是指机器人在运行过程中，TCP 跟随运动；而外部 TCP 是机器人运行过程中 TCP 不跟随运动。这两种控制方式被设置的对象不同，因此，机器人工具坐标系及工件坐标系变换补偿设置方法也有所不同。

1. 机器人末端 TCP 和外部 TCP 坐标系设置的区别

（1）末端 TCP 坐标系设置 设置工具坐标系在这被称为末端工具坐标系，主要是用来定义工具末端的位置及方向，参考点是在机器人末端法兰盘的中心点。所以，在更换工具后必须重新获取工具坐标系。

用户坐标系在这称作工件坐标系，基准点就是机器人的原点，其主要用来定义轨迹的空间位置。为了确保轨迹空间位置的准确性，在获取用户坐标系时，要先校准机器人的原点以及 TCP。

（2）外部 TCP 坐标系设置　外部 TCP 坐标系与末端 TCP 坐标系不一样，虽然同样被称作工具坐标系，但是它定义轨迹原点与法兰盘中心的关系，其参考点是机器人末端法兰盘的中心点。

这里的用户坐标系（工件坐标系），用来设定外围设备（如打磨机或者抛光机等）的位置关系，其参考点同样是机器人原点。

2. 工具坐标系设置

单击下拉菜单的"操作"，单击"工具设置"或者单击工具栏的工具设置图标，进入工具坐标系设置窗口，如图 1-19 所示。

图1-19　工具坐标系设置窗口

工具坐标系设置有两种方式：欧拉角及方向矢量，但方向矢量设置模式一般不开放，需要针对特殊应用时才使用该模式设置。工具坐标系的值和欧拉角，可以通过机器人获取或者是测量得到。

（1）法向偏置量　该参数是一个补偿量，对工具长度进行补偿。在实际应用中，如果工具出现损耗需要补偿，可以调整这个参数进行数据补偿。

（2）法向取反　该项用于调整轨迹的法向，如图 1-20 所示，当出现轨迹（四边形轨迹）的法向与工具的 +Z 向不一致时，可通过该项调整轨迹的法向，但是必须在导入轨迹前设置，否则无效；如果已经导入轨迹，可以先设置完，重新导入轨迹。

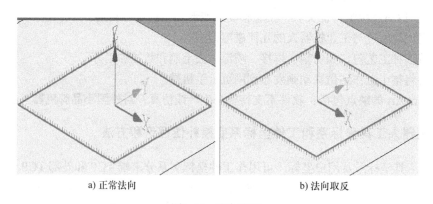

a) 正常法向　　　　　　　　　　　　b) 法向取反

图1-20　法向取反

（3）起点参照位置　轨迹仿真过程中，有时候会出现轨迹不能正常仿真，通过调整各个关节起点参照位置，让机器能够达到正常仿真状态，如图 1-21 所示。

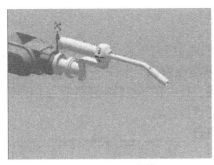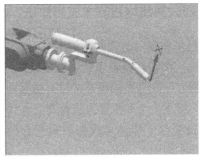

a) 起点参照位置调整前　　　　　　　　　　b) 起点参照位置调整后

图1-21　调整各关节起点参照

观察上图可以发现，起点参照位置调整前，原工具坐标系原点在法兰盘中心；调整后，工具坐标系原点在工具末端。通过工具坐标系显示，也可以确认获取的工具坐标系是否正常。

3. 用户坐标系设置

用户坐标系设置，必须要导入轨迹后才能进行，如图1-22所示。

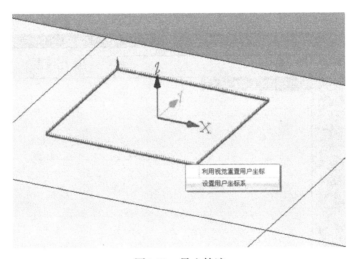

图1-22　导入轨迹

将鼠标移动到轨迹上，轨迹变为红色，表示已被选中，单击鼠标右键，在弹出的右键菜单中选择"设置用户坐标系"，弹出设置工件坐标系（即用户坐标系）对话框，如图1-23所示。

用户坐标系参考基准为机器人零点，通过机器人获取用户坐标系方式，可以获取到对应的用户坐标系值。获取完用户坐标系以后，如果更换工具后用户坐标位置没有发生变化，可以不重新获取。

图1-23　设置工件坐标系（即用户坐标系）对话框

三、机器人离线编程基本流程知识

离线编程是在专门的软件环境下，用专用或通用程序在离线情况下进行机器人轨迹规划编程的一种方法。离线编程程序通过支持软件的解释或编译产生目标程序代码，最后生成机器人路径规划数据。一些离线编程系统带有仿真功能，可以在不接触实际机器人工作环境的情况下，在三维软件中提供一个和机器人进行交互作用的虚拟环境。

本节通过喷涂工作站离线编程案例介绍机器人离线编程基本流程。

（1）导入模型，构建工作站　启动 Robot Assist 软件，单击"导入模型"图标，如图 1-24 所示，弹出导入模型窗口。

图1-24　点击"导入模型"图标

在窗口中找到 robot/ 绘图文件夹中的 Model_6A_X_8Kg_pt.mod，如图 1-25 所示；选中机器人工作站模型文件，点击"打开"按钮弹出反馈信息窗口，如图 1-26 所示。

图1-25　文件目录显示

在弹出的反馈信息窗口中选择"是（Y）"，等待模型加载完成，模型导入结果如图 1-27 所示。

图1-26　反馈信息窗口

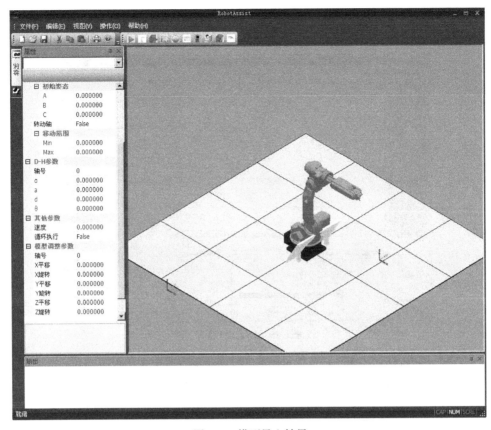

图1-27 模型导入结果

（2）轨迹生成或规划运动路径 通过离线编程软件导入模型构建一个工作站后，需要进一步规划机器人的运动路径或者通过导入图形轨迹来规划机器人运动。不同类型的离线编程软件有不同方法，Robot Assist 是通过 UG 软件生成 NC 轨迹来达到规划机器人运动路径的目的。

1）CAD 图形导入。首先把 CAD 生成的图形文件保存到指定文件夹，保存格式为（*.dwg）格式。打开 UG 绘图软件，单击"打开"文件按钮，UG 软件窗口如图 1-28 所示。

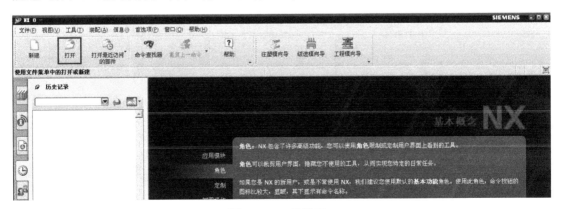

图1-28 UG软件窗口

打开文件后，弹出文件窗口，如图 1-29 所示；然后把文件类型格式改成 AutoCAD DWG 文件（*.dwg）格式，在查找范围找到保存的 CAD 文件"houzi.dwg"并选中，单击"OK"按钮，确认后弹出参数选项界面，如图 1-30 所示。参数选项不用做修改，保持原默认状态，直接单击"完成"。

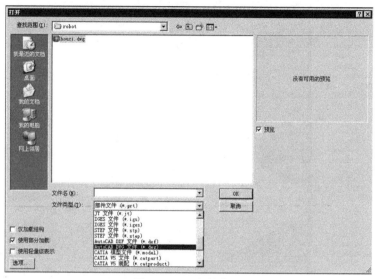

图1-29　UG文件窗口

注意，在 UG 中打开文件时，文件目录或文件名不能含有中文字符。

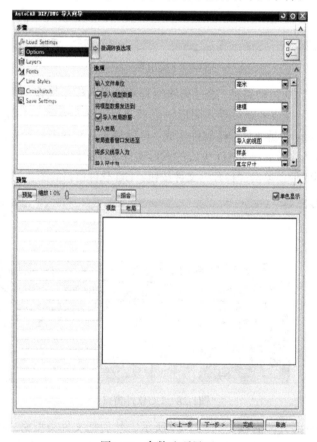

图1-30　参数选项界面

CAD 文件打开后，UG 显示窗口可能会出现空白情况，如图 1-31 所示。

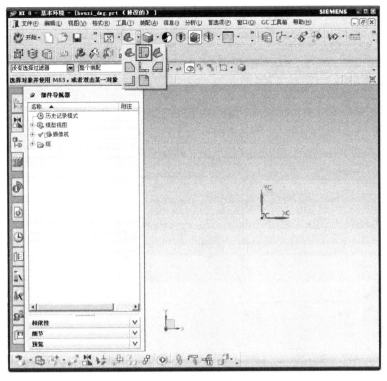

图1-31 UG显示窗口

此时，可单击视图图标下的"俯视图"控件即可看到图形，如图 1-32 所示。

图1-32 俯视图

2）创建工件坐标系。单击菜单栏"开始"选择"建模（M）"切换到建模状态，如图1-33所示。

图1-33 选择"建模（M）"

切换到建模模式，并在图形窗口画一条对角线，如图1-34所示。

图1-34 图形窗口画一条对角线

单击"重新定义 WCS 坐标系"图标，弹出对话框，如图 1-35 所示，选择对角线中点。

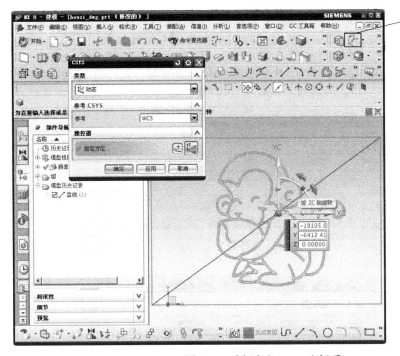

图1-35　重新定义 WCS 坐标系

鼠标捕捉绕 ZC 轴旋转调整坐标系方向，如图 1-36 所示。

图1-36　调整坐标系方向

点击"确定"完成 WCS 坐标系定义，完成后可以把对角线隐藏起来。

3）刀路编辑。单击菜单栏"开始"弹出下拉菜单，选择加工，如图 1-37 所示，把模式切换到加工模式后弹出加工环境选择窗口，如图 1-38 所示。

图1-37　选择加工

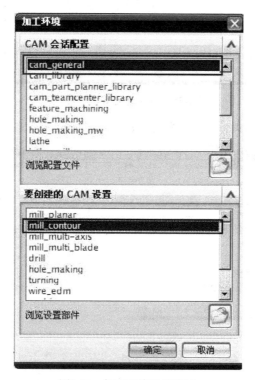

图1-38　加工环境选择窗口

CAM 会话配置选择"cam_general"（普通加工方式），而要创建的 CAM 设置选择"mill_contour"（外形铣削），单击"确定"进入加工操作界面。

4）机床坐标系创建。鼠标移动到左边的"工序导航器 - 程序顺序"，选中"未用项"，如图 1-39 所示。弹出下拉菜单后选择"刀片"子菜单中的"几何体"，弹出创建几何体对话框，如图 1-40 所示。

图1-39 工序导航器界面

选择当前几何体子类型，单击"确认"，弹出MCS对话框，进行机床坐标系等的设定，如图1-41所示。

图1-40 创建几何体对话框

图1-41 MCS对话框

在图1-41所示的[指定MCS]中单击标识图标，弹出CSYS对话框，如图1-42所示；在参考CSYS下拉菜单中选择"WCS"，然后单击"确定"返回机床坐标系设置对话框，如图1-43所示。

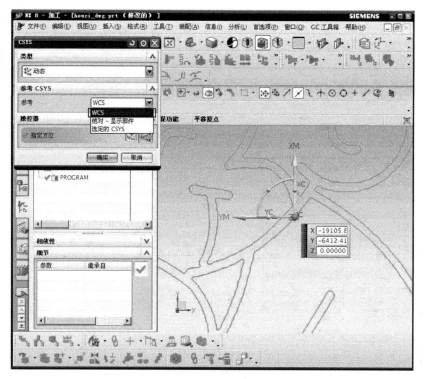

图1-42　CSYS 对话框

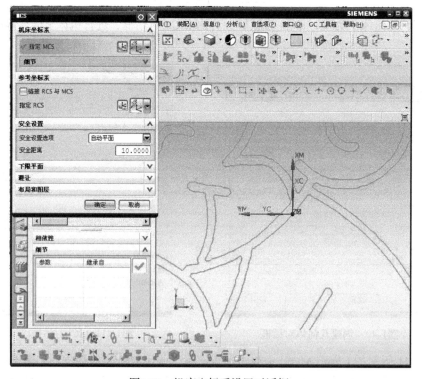

图1-43　机床坐标系设置对话框

单击"确定"完成机床坐标系的设置。

5）NC 程序创建。单击菜单栏中的"创建程序"图标，如图 1-44 所示，弹出创建程序对话框，如图 1-45 所示。

图1-44 创建程序

单击"确定"弹出程序-开始事件对话框，如图1-46所示，再单击"确定"完成程序初步创建。

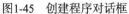

图1-45 创建程序对话框

图1-46 程序-开始事件对话框

单击菜单栏"创建刀具"图标，如图 1-47 所示，弹出创建刀具对话框，如图 1-48 所示。

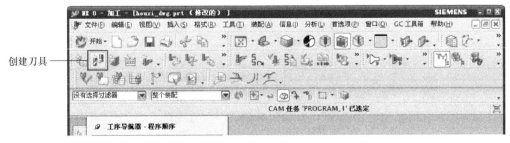

图1-47 创建刀具

图1-48　创建刀具对话框

单击"确定"，弹出铣刀 -5 参数设置参数对话框，如图 1-49 所示，刀具直径参数尽量设小。

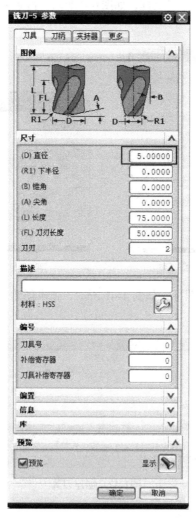

图1-49　铣刀-5参数对话框

返回主菜单,单击创建程序顺序标识图标,如图 1-50 所示。

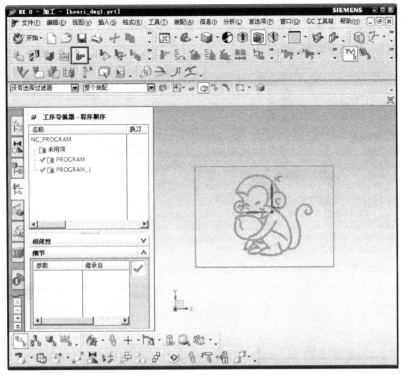

图1-50 程序顺序创建工具菜单

单击"创建工序"标识图标后弹出创建工序对话框,如图 1-51 所示,在类型下拉菜单中选择"mill_contour";在工序子类型中选择刚刚创建的刀具"CONTOUR_AREA",单击"确定"进入轮廓区域设定界面。

图1-51 创建工序对话框

驱动方法的设置步骤为单击"方法"下拉菜单，选择"曲线/点"，选择完成后弹出对话框，如图1-52所示。

单击"确定"进入驱动方法确认对话框，如图1-53所示。

图1-52　驱动方法设置

图1-53　驱动方法确认对话框

在曲线规则下拉菜单中选择"相连曲线"，接着选择图形中第一条相连曲线，如图1-54所示。

图1-54　选择第一条相连曲线

执行顺序按选择顺序执行，选择完成后的界面如图 1-55 所示。

图1-55 完成第一条相连曲线选择

单击"添加新集"控件，选择第二条相连曲线，如图 1-56 所示。

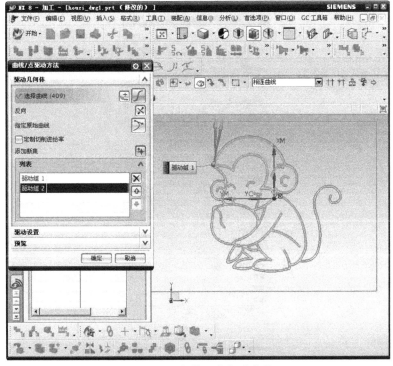

图1-56 选择第二条相连曲线

接着用同样的方式完成所有相连曲线选择，如图1-57所示。

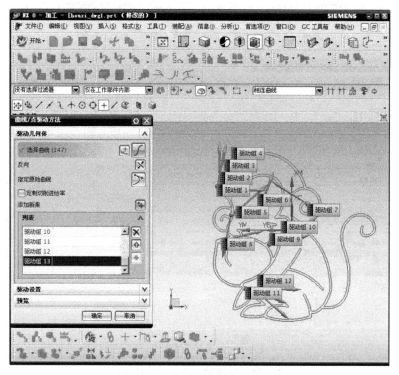

图1-57　完成所有相连曲线选择

单击"确定"返回轮廓区域对话框，在刀轨设置中选择"非切削移动"，如图1-58所示。

图1-58　轮廓区域对话框

单击"非切削移动"控件进入对话框，分别在进刀和退刀工具栏中设置进刀类型，如图 1-59 所示。

进刀类型选择"无"；退刀类型选择"与进刀相同"，如图 1-60 所示。

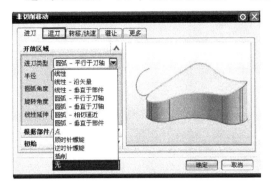 

图1-59　进刀类型设置　　　　　　　　　　图1-60　退刀类型设置

单击"确定"返回轮廓区域对话框，单击"生成"控件，在图形中便可以看到刀路轨迹，如图 1-61 所示。

图1-61　刀路轨迹

生成的刀路必须经过确认才能生成 NC 轨迹，在"操作"栏中单击"轨迹确认"控件，如图 1-62 所示，打开刀轨可视化对话框，如图 1-63 所示。

图1-62　单击"轨迹确认"控件

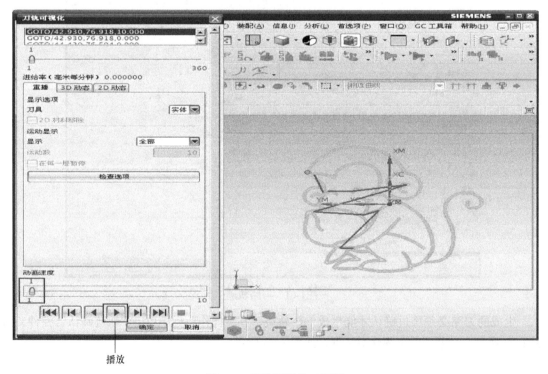

图1-63　刀轨可视化对话框

把动画速度调低，再单击"播放"，便可以看到轨迹的运行过程，当确定没问题后单击"确定"退出该对话框，返回轮廓区域对话框，接着再单击"确定"完成轨迹编辑。

6）后处理文件加载。打开 robotassist 软件操作说明 \ 案例文件 \UG 后处理文件，如图 1-64 所示，把后处理文件 robot.def、robot.pui、robot.tcl 文件复制到 robot 安装包下面。

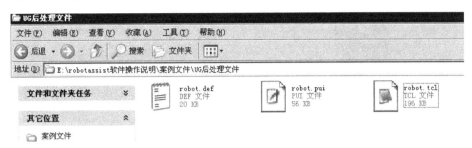

图1-64　UG后处理文件

在 UG 软件中单击"工具"菜单，弹出下拉菜单选择"安装 NC 后处理器（P）"，如图 1-65 所示，进入选择后处理器对话框，如图 1-66 所示。

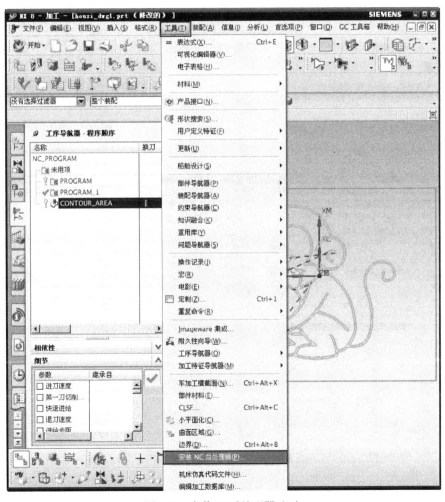

图1-65　安装NC后处理器（P）

图1-66　选择后处理器对话框

选中刚刚复制到安装包下面的robot.pui文件，单击"OK"控件完成加载，弹出安装后处理器对话框，如图1-67所示，单击"确定"完成安装。

单击后处理图标（标识位置），进入后处理设置界面，如图1-68所示。

图1-67　安装后处理器对话框

后处理

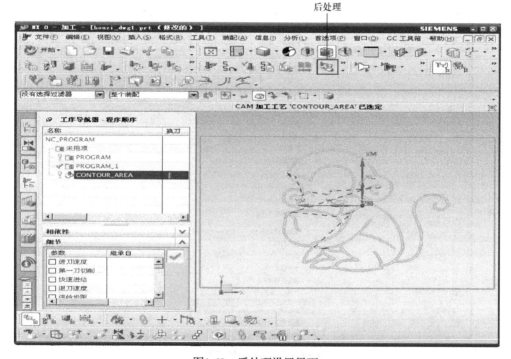

图1-68　后处理设置界面

在后处理器选项中选择"GSK_ROBOT",在输出文件选项中选择安装包文件名为"houzi",文件扩展名为"NC",如图1-69所示。

图1-69 选择后处理文件

单击"确定",弹出信息列表,如图1-70所示,单击右上角"关闭"按钮,完成NC生成。

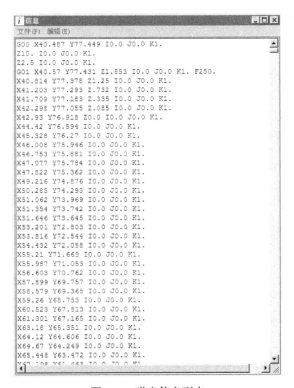

图1-70 弹出信息列表

在 robot 安装包下找到 "houzi.NC" 文件并打开，把程序末行的 % 改成 M30，如图 1-71 所示，单击 "保存"，退出文档编辑。

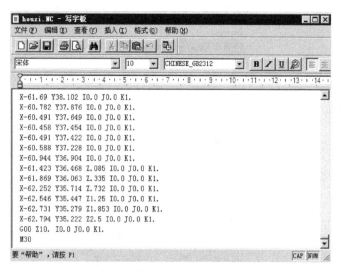

图1-71　修改后的NC程序文件

（3）设置工具坐标系

1）打开 Robot Assist 软件，单击图标菜单中的 "系统设置"，如图 1-72 所示，进入系统设置。

图1-72　系统设置菜单

2）弹出参数设置对话框，如图 1-73 所示，勾选 "显示工具坐标系"，即可在工作站的工业机器人上显示工具坐标系，然后关闭对话框。

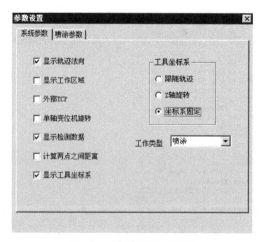

图1-73　参数设置对话框

3）再单击菜单图标中的"工具"，如图 1-74 所示，进入工具设置。

图1-74　工具菜单

4）弹出工具设置对话框，如图 1-75 所示，输入工具坐标系参数后单击"确定"完成设置。

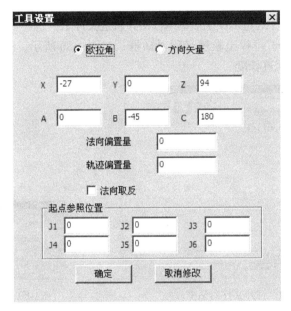

图1-75　工具设置对话框

5）工具设置完成后，坐标系在工具末端显示，Z 向沿着喷头轴向，如图 1-76 所示。

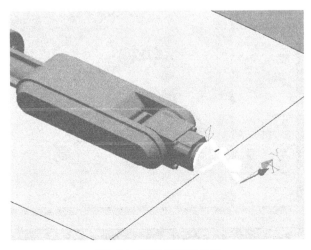

图1-76　工具坐标系显示

（4）导入轨迹

1）单击图标菜单中的"导入轨迹"如图1-77所示。

2）弹出自动生成轨迹方式选择对话框，如图1-78所示，选择"否（N）"（由于通过UG生成NC轨迹导入到Robot Assist软件中进行离线编程，所以选否）。

图1-77 导入轨迹菜单

图1-78 自动生成轨迹方式选择对话框

3）自动生成轨迹方式选择"否"后，弹出打开文件对话框，如图1-79所示。在绘图文件夹中找到houzi.NC文件（通过UG生成的NC格式轨迹文件）。

4）单击"打开（O）"，弹出轨迹名称对话框，如图1-80所示，把离散长度值改成"0"，即默认离散长度为NC轨迹长度。

图1-79 打开文件对话框

图1-80 轨迹名称对话框

5）单击"确定"完成轨迹导入，轨迹导入显示如图1-81所示。

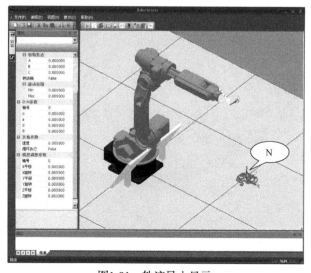

图1-81 轨迹导入显示

（5）用户坐标系设置

1）把鼠标放在轨迹上，出现红色表示选中轨迹，单击鼠标右键弹出设置用户坐标系菜单，如图1-82所示。

2）单击"设置用户坐标系"，弹出设置工件坐标系（用户坐标系）对话框，如图1-83所示，输入用户坐标系参数。

图1-82 设置用户坐标系菜单 　　　　图1-83 设置工件坐标系（用户坐标系）对话框

3）输入完成后单击"确定"，工件坐标系（用户坐标系）显示轨迹位置，如图1-84所示。

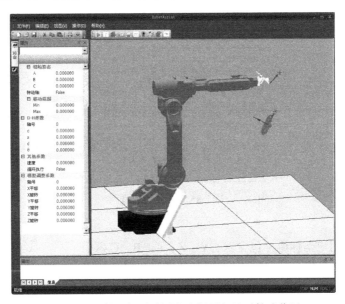

图1-84 工件坐标系（用户坐标系）显示轨迹位置

（6）画板模型调整

1）图1-84所示画板模型坐标位置，在机器人模型世界坐标系原点，即相对机器人零点位置为Z-450mm。要把画板调整到NC轨迹原点，只需要在用户坐标系下增加高度450mm即可。

2）打开属性面板，找到"模型调整参数"如图1-84所示，输入画板的轴号（此轴号具体要看画板模型所在工业机器人模型）。

3）图 1-85 所示为 Modle_6A_X_8Kg_pt.mod 文本中的序号，画板的轴号为 9。

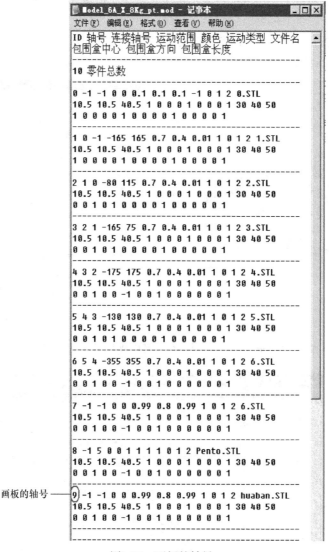

图1-85　画板的轴号

4）把轴号及用户坐标值（包含 X、Y、Z、A、B、C 六个值，X、Y、Z 是位置值，A、B、C 是姿态角度值）输入模型调整参数中，如图 1-86 所示，由于画板初始位置在机器人的世界坐标系原点，而且用户坐标值是在画板上获取的，B 姿态角不用调整，画板坐标值要在用户坐标系下增加 450mm，即 X 1000mm、Y 0mm、Z 800mm（根据不同型号机器人的世界坐标系相对零点不一样，要根据相应型号设定增加量）。

5）画板调整后位置如图 1-87 所示。

图1-86　输入轴号及用户坐标值

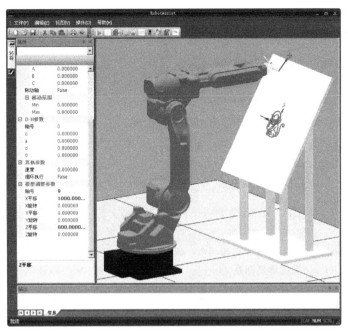

图1-87 画板调整后位置

（7）轨迹仿真运行

1）单击图标菜单中的"仿真操作"，如图 1-88 所示。

2）仿真运行时，由于是喷画，如果出现墨斗倒过来的情况，就不能正常喷墨，因此，必须保证墨斗朝上，即通过调整机器人运行过程的姿态，来保证喷墨正常。墨斗工具姿态如图 1-89 所示。

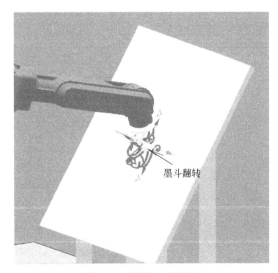

墨斗翻转

▶ 仿真
仿真操作

图1-88 仿真操作菜单 　　　　　　图1-89 墨斗工具姿态

（8）调整机器人姿态　单击图标菜单中的"系统设置"。打开参数设置对话框，把工具坐标系切换到"Z轴旋转"，如图 1-90 所示，然后关闭退出对话框即可。

1）单击图标菜单中的"轨迹编辑"，如图 1-91 所示，弹出"路径修改"对话框。

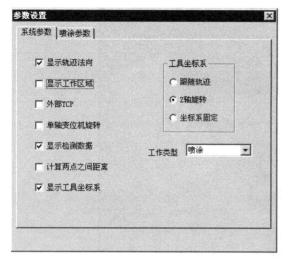

图1-90　切换工具坐标系　　　　　　　　　　图1-91　轨迹编辑菜单

2）在"路径修改"对话框中单击"调整 Z 轴旋转姿态"，如图 1-92 所示，进入姿态调整窗口。

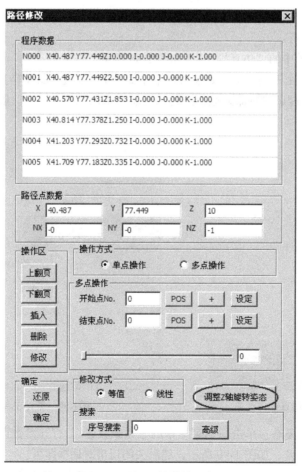

图1-92　调整Z轴旋转姿态

3）把右上角的奇异点、腕关节翻转、超行程、软限位、不可达和干涉等姿态调整选项全都勾选，如图1-93所示。

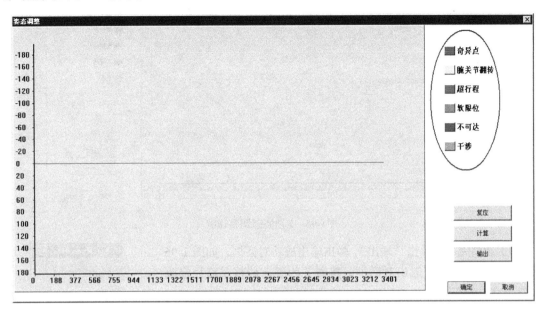

图1-93 姿态调整选项

4）然后单击"复位"，再单击"计算"，如图1-94所示。（计算过程可能会比较长，主要取决于NC的点数据量）

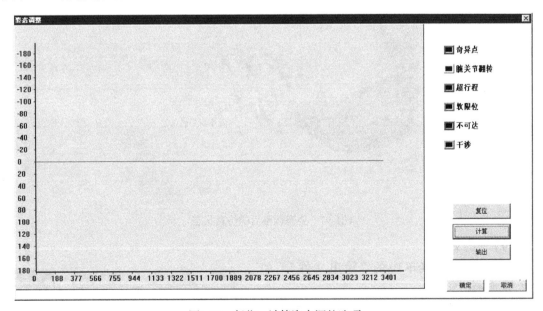

图1-94 复位、计算姿态调整选项

5）通过计算发现将Z轴调整到任何角度都不会出现异常情况。但由于图中的墨斗工具朝下，若要其朝上则Z轴就要翻转180°，因此，需要在姿态调整窗口把鼠标放在调整线端点，按住鼠标左键拖动线条到−180°的位置，如图1-95所示。

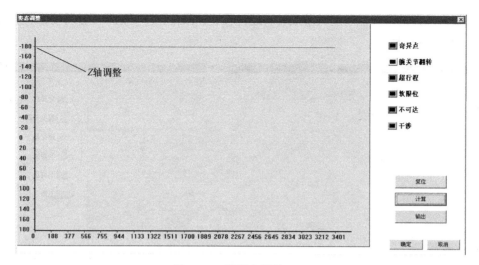

图1-95　Z轴姿态调整180°

6）调整完成后单击"输出"，弹出输出成功对话框，如图 1-96 所示，单击"确定"退出对话框，接着关闭姿态调整及路径修改窗口，完成姿态调整。

7）重新运行程序，姿态调整后的仿真状态如图 1-97 所示。（仿真过程中如果要操作，必须先停止仿真，否则操作有可能会出现异常。）

图1-96　输出成功

图1-97　姿态调整后的仿真状态

（9）输出文件

1）单击图标菜单中的"输出文件"，如图 1-98 所示。

2）弹出保存文件对话框，如图 1-99 所示，保存路径在默认安装包下，文件名直接输入"houzi"，单击"保存（S）"完成文件保存。

图1-98　输出文件菜单

3）用 U 盘将输出的程序文件复制到机器人系统里，然后示教验证程序即可完成机器人运动控制编程任务。

图1-99　保存文件对话框

注意：保存文件时，文件名为（*.PRL）格式，且不能用中文或者特殊符号命名，否则导致机器人无法识别。

第三节　机器人程序优化

培训目标

➤ 能评估及优化机器人轨迹程序

➤ 能通过优化程序指令，提高机器人工作效率

一、机器人的运动轨迹及编程指令知识

编程是为了使机器人完成某种任务而通过系统编程指令来设定相应的动作、逻辑顺序等的一种手段。机器人的运动和作业指令都由程序进行控制。常见的编程方法有两种：示教编程方法和离线编程方法。其中，示教编程方法包括示教、编辑和轨迹再现，可以通过示教盒示教和导引式示教两种途径实现。由于示教编程方法实用性强，操作简便，因此大部分机器人都采用这种方式。离线编程方法是利用计算机图形学成果，借助图形处理工具建立几何模型，通过一些规划算法来获取作业轨迹。与示教编程不同，离线编程不与机器人发生关系，即在编程过程中机器人可以照常工作，工业上离线编程只作为一种辅助手段。

机器人编程指令一般由运动指令、信号处理指令、流程控制指令、运算指令和功能指令等组成。

机器人的轨迹规划是指根据作业任务的要求（作业规划），对末端执行器在工作过程中位置和姿态变化的路径、取向以及它们的变化速度和加速度进行人为设定。根据作业任务要求，在给定初始状态、目标状态以及路径所经过的有限个给定点的情况下，对于没有给定的路径区间则必须要选择关节插值函数，生成不同的轨迹。轨迹规划方法一般是在机器人初始位置和目标位置之间用"内插"或"逼近"给定路径，并产生一系列"控制设定点"，即示教点，而这些示教点构成的运动基本路径正是由机器人运动指令来执行的。

一般机器人运动指令包含以下三种：

（1）MOVJ 运动指令

1）功能。以点到点（PTP）方式移动到指定位姿。

2）格式。MOVJ P*<示教点号>，V<速度>，Z<精度>，E1<外部轴1>，E2<外部轴2>，EV<外部轴速度>。

3）参数。

① P*<示教点号>，位姿变量名，指定机器人的目标姿态，P* 为示教点号，系统添加该指令默认为"P*"，可以编辑 P 示教点号，范围为 P0~P999。

② V<速度>，指定机器人的运动速度，这里的运动速度是指与机器人设定的最大速度的百分比，取值范围为 1%~100%。

③ Z<精度>，指定机器人的精确到位情况，这里的精度表示精度等级，一般有 0~9 共 10 个等级。Z0 表示精确到位，Z1~Z9 表示关节过渡。

④ E1<外部轴1> 和 E2<外部轴2>，分别代表使用了外部轴1、外部轴2，可单独使用，也可复合使用。

⑤ EV<外部轴速度>，表示外部轴速度，若为 0，则机器人与外部轴联动，若非 0，则为外部轴速度。

4）说明。

① 当执行 MOVJ 指令时，机器人以关节插补方式移动。

② 移动时，机器人从起始位姿到结束位姿的整个运动过程中，各关节移动的行程相对于总行程的比例是相等的。

5）示例。

MAIN ；// 程序头

MOVJ P001，V30，Z0；// 表示精确到位

MOVJ P002，V60，Z1；// 表示用 Z1 的关节过渡

MOVJ P003，V60，Z1；

END ；// 结束程序

（2）MOVL 运动指令

1）功能。以直线插补方式移动到指定位姿。

2）格式。MOVL　P*<示教点号>，V<速度>，Z<精度>/CR<半径>，E1<外部轴1>，E2<外部轴2>，EV<外部轴速度>。

3）参数。

① P*<示教点号 >，含义同 MOVJ 运动指令中相应内容。

② V<速度 >，指定机器人的运动速度，取值范围为 0～9999mm/s，为整数。

③ Z<精度 >，含义及等级划分同 MOVJ 运动指令中相应内容，此处 Z1～Z9 表示直线过渡，精度等级越高，到位精度越低。CR< 半径 > 表示直线以多少半径过渡，与 Z 不能同时使用，半径的范围为 1～6553.5mm。

④ E1<外部轴 1> 和 E2<外部轴 2>，含义同 MOVJ 运动指令中相应内容。

⑤ EV<外部轴速度 >，含义同 MOVJ 运动指令中相应内容。

4）示例。

MAIN；

MOVJ P*，V30，Z0；

MOVL P*，V30，Z0；

MOVL P*，V30，Z1；// 表示用 Z1 的直线过渡

END；

（3）MOVC 运动指令

1）功能。以圆弧插补方式移动到指定位姿。

2）格式。MOVC P*<示教点号 >，V<速度 >，Z<精度 >，E1<外部轴 1>，E2<外部轴 2>，EV<外部轴速度 >。

3）参数。

① P*<示教点号 >，含义同 MOVJ 运动指令中相应内容。

② V<速度 >，含义及取值范围同 MOVL 运动指令中相应内容。

③ Z<精度 >，E1<外部轴 1>，E2<外部轴 2>，EV<外部轴速度 >，含义同 MOVJ 运动指令中相应内容。

4）说明。

① 当执行 MOVC 指令时，机器人以圆弧插补方式移动。

② 三点或三点以上确定一条圆弧，小于三点系统报警。

③ 直线和圆弧之间、圆弧和圆弧之间都可以过渡，即精度等级 Z 可为 0～4。

注意，执行第一条 MOVC 指令时，以直线插补方式到达。

5）示例。

MAIN；

MOVJ P001，V30，Z0；// 程序起始点

MOVC P002，V50，Z1；// 圆弧起点

MOVC P003，V50，Z1；// 圆弧中点

MOVC P004，V60，Z1；// 圆弧终点

END；

二、机器人编程及轨迹优化方法

对于机器人编程及轨迹优化，必须基于具体作业任务来进行研究分析，下面结合一个比较常见的机器人搬运轨迹来介绍机器人编程及轨迹的优化方法。

机器人的作业可以描述成工具坐标系 T 相对于工作台坐标系 S 的一系列运动，是一种通用

的作业描述方法。可以把机器人从初始状态运动到终止状态的作业看作工具坐标系从初始位置 T_0 变化到终止位置 T_r 的坐标变换，如图1-100所示。

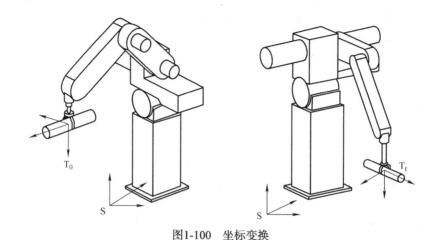

图1-100　坐标变换

首先，编程前一般需要建立一个工具坐标系，这样做的主要目的把控制点转移到工具的尖端点上。工具坐标系的方向随腕部的移动而发生变化。那么，可通过关节空间法来进行轨迹优化，该方法计算简单，不会发生机构的奇异性问题。关节空间法操作步骤如图1-101所示。

这样每个关节在相应路径段运行的时间相同，从而保证了所有关节都将同时到达路径点和目标点，并保证了工具坐标系在各路径点具有预期的位姿。

其次，可以利用运动指令过渡的线性插值方法进行轨迹优化。对于给定起始点和终止点的情况，选择线性函数插值最为简单。然而，工业机器人电动机总是在短时间内频繁地快速起停或间歇运动。因此，要想使机器运转得更快，定位更精确和更稳定可靠，必须使其平缓起停，而不是猛然加速和骤然减速。单纯线性插值会导致起始点和终止点的关节运动速度不连续，且加速度无穷大，在两端点会造成刚性冲击。为此，在线性插值两端点的邻域内设置一段抛物线形缓冲区段。由于抛物线函

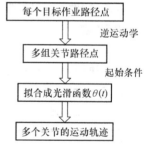

图1-101　关节空间法操作步骤

数对时间的二阶导数为常数，即相应区段内的加速度恒定，这样可保证起始点和终止点的速度平滑过渡，从而使整个轨迹上的位置和速度连续。运动指令过渡如图1-102所示。

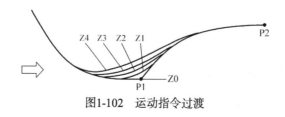

图1-102　运动指令过渡

关节空间规划仅能保证末端执行器从起始点到目标点准确运动，不能对两点之间的实际运

动轨迹进行控制，所以这种规划方法仅适用于 PTP 作业的轨迹规划。该规划效率最高（关节角速度匀速，不需计算），无特殊要求可尽量使用。

对于任意两点之间的路径和姿态都有严格变化规律要求的作业，如连续的弧焊作业，需要在直角坐标空间进行轨迹规划。这种情况可以利用直角坐标空间法进行轨迹规划优化，如图 1-103 所示。

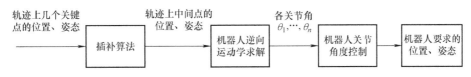

图1-103　直角坐标空间法轨迹规划优化

直线插补和圆弧插补是直角坐标系下两种基本插补算法。对于非直线和非圆弧轨迹，可以采用直线和圆弧逼近。

空间直线插补是指已知该直线始末两点的位置和姿态，求各轨迹中间点（插补点）的位置和姿态。由于大多数情况下是机器人在沿直线运动时姿态不变，所以无姿态插补，即保持第一示教点时的姿态。当然，对有些情况要求姿态变化，这就需要姿态插补。可以仿照位置插补的原理去处理，也可以参照圆弧的姿态方法解决。

直角坐标空间轨迹规划主要用于 TCP 作业，机器人的位置和姿态都是时间的函数，对轨迹的空间现状可以提出一定要求。机器人直角坐标空间轨迹规划指令包含 MOVL 和 MOVC，分别实现直线和圆弧轨迹规划。由于给出的是手部运动的绝对速度，所以要计算每时刻的关节角速度，计算量大。

第四节　系统程序编程与调试

培训目标

➢能够熟悉自动化项目的开展过程
➢能够熟练掌握自动化生产线的机器人以及总控制系统
➢能对自动化项目进行机器人和总控制系统的程序编写
➢熟悉常见的控制逻辑以及编程方法
➢能够对自动化生产线的运行情况进行判断，并可有针对性地进行优化

一、自动化生产线程序控制知识

实际生产过程中，为保证自动化生产线以及机器设备正常运行，前期对自动化控制系统以及机器设备的编程调试工作至关重要。简单地讲，编程是指人工将控制语言写入控制器内，不同控制器有不同的控制语言，同一种功能可能对应着不同的实现形式；调试是指对已经写好的

控制语言进行实际生产测试，结合实际生产工艺进行优化等。几乎所有的项目在正式投入生产前，都要进行编程与调试工作，很多项目在投入实际生产后还经常需要进行工艺调试，一个可以长期稳定运行的控制系统是在完善的编程与不断地调试中产生的。

在自动生产线中，对各个可编程序的单元进行合理的程序编写，进而实现可以相互配合自动运行，这是自动化生产线的目的。本节主要针对机器人的控制程序以及 PLC 的程序进行分析。

1. 机器人程序

机器人编程语言（Robot Programming Language）是一种程序描述语言，它能十分简洁地描述工作环境和机器人的动作，能把复杂的操作内容通过尽可能简单的程序来实现。机器人编程语言也和一般的程序语言一样，应具有结构简明、概念统一、容易扩展等特点。

2. PLC 程序

PLC（Programmable Logic Controller）即可编程序逻辑控制器，是一种专门为在工业环境下应用而设计的数字运算操作电子系统。它采用一种可编程序的存储器，在其内部存储执行逻辑运算、顺序控制、定时、计数和算术运算等操作的指令，通过数字式或模拟式的输入、输出来控制各种类型的机械设备或生产过程。

PLC 的用户程序，是设计人员根据控制系统的工艺控制要求，通过 PLC 编程语言的编制规范，按照实际需要使用的功能来设计的。只要用户能够掌握某种标准编程语言，就能够使用 PLC 在控制系统中实现各种自动化控制功能。

根据国际电工委员会制定的工业控制编程语言标准（IEC1131-3），PLC 有五种标准编程语言：梯形图语言（LD）、指令表语言（IL）、功能模块图语言（FBD）、顺序功能流程图语言（SFC）和结构化文本语言（ST）。

（1）梯形图语言（LD） 梯形图语言是 PLC 程序设计中最常用的编程语言之一，如图 1-104 所示。它是与继电器线路类似的一种编程语言。梯形图编程语言的特点是：与电气操作原理图相对应，具有直观性和对应性；与原有继电器控制相一致，电气设计人员易于掌握。

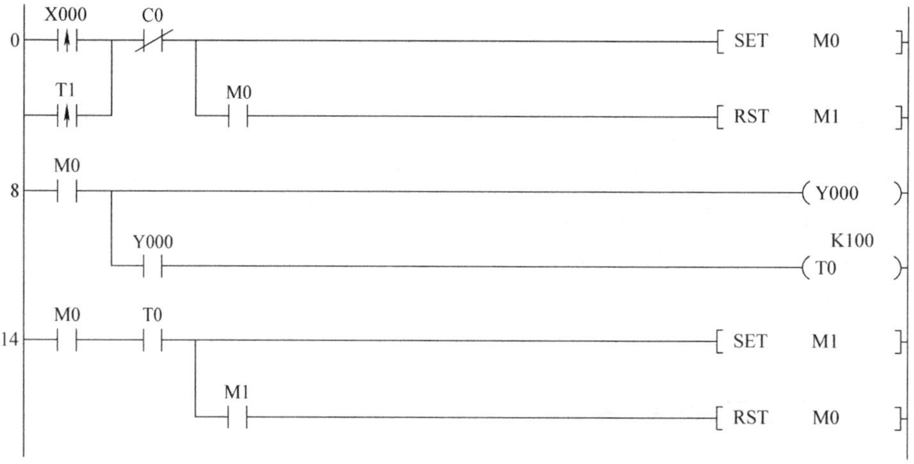

图1-104 梯形图语言

（2）指令表语言（IL） 指令表编程语言是与汇编语言类似的一种助记符编程语言，由操作码和操作数组成。在无计算机的情况下，适合采用 PLC 手持编程器对用户程序进行编制。同时，指令表语言与梯形图语言一一对应，在 PLC 编程软件下可以相互转换。

（3）功能模块图语言（FBD） 功能模块图语言是与数字逻辑电路类似的一种 PLC 编程语言，采用功能模块图的形式来表示模块所具有的功能，不同的功能模块有不同的功能。

（4）顺序功能流程图语言（SFC） 顺序功能流程图语言是为了满足顺序逻辑控制而设计的编程语言。编程时将顺序流程动作的过程分成步和转换条件，根据转移条件对控制系统的功能流程顺序进行分配，一步一步地按照顺序动作。每一步代表一个控制功能任务，用方框表示。该编程语言使程序结构清晰，易于阅读及维护，大大减轻了编程的工作量，缩短了编程和调试时间，用于系统的规模较大，程序关系较复杂的场合。

（5）结构化文本语言（ST） 结构化文本语言采用计算机的描述方式来描述系统中各种变量之间的运算关系，完成所需的功能或操作。它是用结构化的描述文本来描述程序的一种编程语言，类似于高级语言。在大中型的 PLC 系统中，常采用此种语言。此外，用于其他编程语言较难实现的用户程序编制。

3. 项目中的体现和实现

一个项目一般可以分为：项目前期沟通、技术协议评审、项目设计、项目编程和资料整理五个阶段。

（1）项目前期沟通 一个自动化项目的实施涉及很多细节，包括前期对客户的需求了解，对技术可行性和生产工艺的熟悉等。前期进行有效的沟通，可以避免后期可能出现的很多问题。相反，如果没有进行有效沟通贸然进行项目实施，轻则造成项目周期延长，拖慢客户生产进度，增加自身负担，重则可能导致项目失败。

（2）技术协议评审 经过前期的有效沟通，对客户需求信息的收集，需要对客户项目进行方案设计，对具体的自动化生产情况进行模拟，并整理成技术协议文档，确保功能满足、技术可行，并对项目金额及各个环节周期进行预估。

（3）项目设计 经过技术协议评审，经由客户确认，并最终确认开展后，整个项目就进入了项目设计阶段。在该阶段，机械工程师需要对方案阶段的项目进行细化，并与电气工程师进行沟通，确定所有项目细节。所有项目细节确定后，各工程师各司其职进行相关设计。

在这个环节，电气工程师在设计过程中需要对项目中涉及的各环节的控制思路清晰。

（4）项目编程 经过设计阶段，并下发图样、物料清单等，待项目机械和电气安装就绪，整个项目就进入项目编程阶段。在该阶段需要对机器人以及 PLC 进行程序编写，并进行实际调试。

（5）资料整理 经过了项目编程阶段，待运行稳定后，需要对项目资料进行整理，将现场改动的内容及时更新到项目资料中，并将所有项目资料打包备案。

二、机器人以及 PLC 程序编写及逻辑控制知识

1. 项目分析

首先对项目技术资料进行认真分析，并与机械工程师沟通确认细节后再进行相关设计。一个项目的技术协议目录如图 1-105 所示。

目录

图1-105　技术协议目录

根据客户现场实际情况,整体布局如图 1-106 所示。生产流从右到左分别为:上料输送线→机器人 A →冲床 A →机器人 B →冲床 B →机器人 C →冲床 C →机器人 D →冲床 D →机器人 E →旋转机构(焊线寻位装置)→机器人 F →冲床 E →机器人 G →下料输送线。

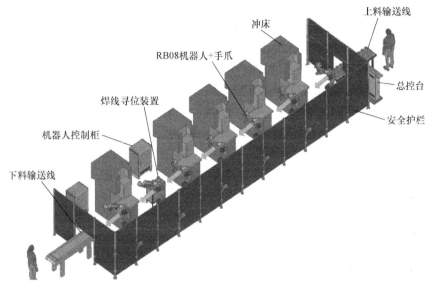

图1-106 整体布局

(1)自动运行动作流程

1)确保满足自动运行的条件后,通过总控制系统的起动按钮起动自动化生产线。

2)上料输送线由人工将上一道工序的产品放置到上料输送线,输送线末端有传感器,当检测到物料移动到末端后,输送线停止运行,并通知总控台 PLC 物料到位,发出信号给机器人 A,使其取料。

3)机器人 A 运动到抓取位置,通过动作抓手夹取工件,提起到安全位置后通知总控台 PLC 取料完成。然后运动到冲床 A 前等待接收总控台发出的冲床 A 允许放料信号。当冲床 A 满足放料条件时,总控台 PLC 则通知机器人 A 放料,机器人 A 放料完成并退回安全位置后通知总控台 PLC 放料完成,并重复上料输送线等待取料动作。

4)总控台 PLC 在接到机器人 A 放料完成信号后起动冲床 A 进行冲压,冲压完成后总控台 PLC 通知机器人 B 允许取料。

5)机器人 B 接到总控台 PLC 允许取料信号后进入冲床 A 取料,完成后同机器人 A 一样进行放置等待。

6)中间各个环节相同,此处不予赘述。

7)机器人 G 等待总控台 PLC 的下料输送线允许放料信号后,运动到指定位置进行放料,下料输送线放料位置和末端都装有传感器检测,若物料已经移动至输送线末端,则输送线停止运行,并通知总控台 PLC,使其不再允许机器人放料。

(2)对自动运行动作流程的说明

1)在此项目中满足自动运行的条件为没有报警,各个设备处于可以加工的待机状态,安全门处于关闭状态。

2)为确保工件停靠到位,传感器检测到工件后延时 1s 再停止输送线。

3）在自动运行的第一时间，要对需要初始化的部分进行初始化，抓手要处于打开位置。

4）冲床A满足允许放料的条件为无异常，处于上始点位置，处于单次模式，处于待机状态。

5）为了区分冲床动作完成后的状态是允许取还是允许放，通常会在前一台机器人放置完成后在总控台PLC程序中置位一个用于记录放置状态的标识，在下一台取完后复位此标识。在冲床处于允许机器人动作的状态下，如果有此标识，就说明上一台已经放置完成，如果没有此标识，就表明下一台机器人已经取走物料。

6）结合不同客户要求，可以将此情况设置成报警或提醒两种形式。

2. 项目设计

针对典型环节进行设计，其中机器人抓手继电器控制电路、机器人抓手电磁阀控制电路（见图1-107和图1-108）、总控台与冲床交互信号电路（见图1-109）都是典型基础电路。

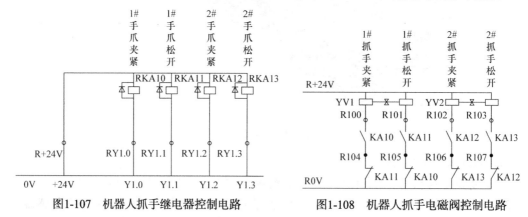

图1-107　机器人抓手继电器控制电路　　　　图1-108　机器人抓手电磁阀控制电路

设计前要考虑和规划设计思路，在该项目中把需要设计的部分分成几块，其中输送线和旋转机构作为一块，机器人作为一块，冲床作为一块，按钮、指示灯、安全门等作为一块。

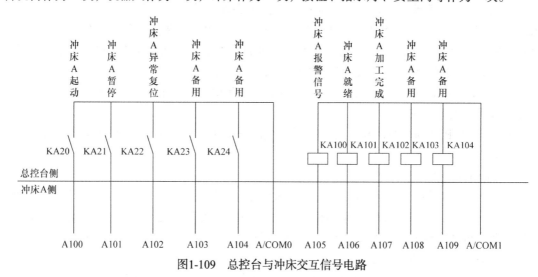

图1-109　总控台与冲床交互信号电路

其他部分设计参照以上部分典型电路的电气原理图进行。

（1）程序设计　首先根据选定的PLC型号进行程序规划，此处以三菱FX3U系列PLC为例进行分析，此项目选定的 PLC 型号为 FX3U-128MR-ES-A。

三菱 FX3U 型 PLC 是三菱第三代小型可编程序控制器，如图 1-110 所示。它具有速度快、容量大、性能好、功能全的特点，其内置定位功能得到大幅提升。

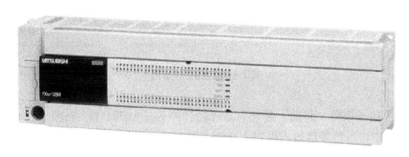

图1-110　FX3U-128MR-ES-A

此项目中总控台 PLC 与机器人、冲床、旋转机构等都采用 I/O 交互方式。交互内容主要包括各个状态信号和各个交互信号。

机器人的状态信号如报警、运行、暂停等，以及与之对应的触发报警、触发启动、触发暂停等；机器人的交互信号如允许取料、允许放料等，以及与之对应的取料完成、放料完成等。

1）报警信息部分。在程序编写过程中，要注意触发报警的形式，一般总控台触发设备报警采用脉冲形式，避免设备报警一直反馈给总控台，总控台又一直触发设备报警的锁死现象。报警脉冲程序如图 1-111 所示。

```
 M110                                                          ┌─────────────────┐
──┤ ┤─────────────────────────────────────────────────────────┤ SET      M138   │
  报警状态                                                       └─────────────────┘
                                                                   报警脉冲
                                                                   输出标识

 M138                                                                       K10
──┤ ├───────────────────────────────────────────────────────────────────( T6 )
  报警脉冲                                                                  报警脉冲
  输出标识                                                                  输出时间

 T6                                                           ┌─────────────────┐
──┤ ├─────────────────────────────────────────────────────────┤ RST      M138   │
  报警脉冲                                                       └─────────────────┘
  输出时间                                                          报警脉冲
                                                                   输出标识

 M138
──┤ ├───────────────────────────────────────────────────────────────────( Y044 )
  报警脉冲                                                                  机器人A报警
  输出标识
```

图1-111　报警脉冲程序

2）主体程序部分。在着手程序编写之前，要对程序框架进行规划。可以将程序分为初始化段、系统处理段、手动调试段和自动运行段。

在初始化段中，将需要初始化的数据、状态等进行初始化。例如在此项目中对通电时的系统反应时间以及程序选择数据在初始化中进行处理，如图 1-112 所示。

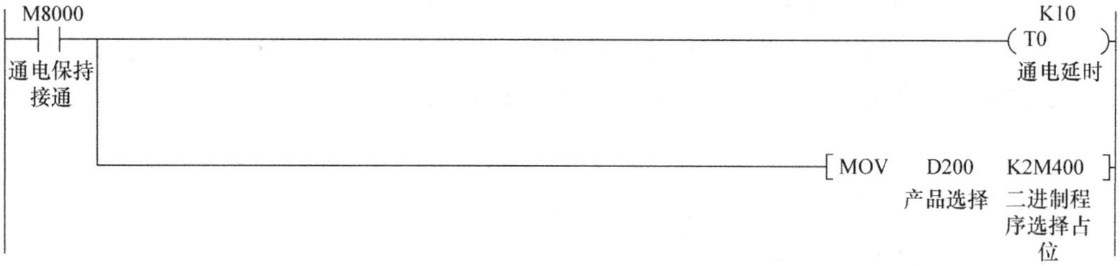

图1-112　程序初始化

系统处理段包括报警、起动、复位、急停和预停等，如图 1-113 和图 1-114 所示。一个稳定的自动化系统中，系统处理段占据很大比例，是系统得以安全运行的重要保障，并通过触摸屏将状态显示出来，如图 1-115 和图 1-116 所示。

图1-113　系统按钮处理段

图1-114　报警处理段

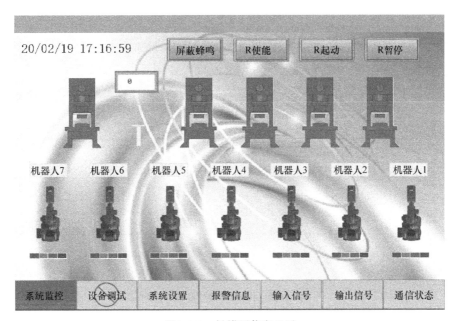

图1-115 触摸屏信息显示

序号	日期	发生时间	确认时间	解决时间	报警内容
5	02/19	17:18:09			上料输送线报警
4	02/19	17:18:09			下料输送线报警
3	02/19	17:18:09			机械安全锁打开
2	02/19	17:18:09			下料输送线急停
1	02/19	17:18:09			上料输送线急停
0	02/19	17:18:09			系统急停

图1-116 报警信息显示

    手动调试段是指对项目中的执行单元在非自动运行过程中调试动作的功能。手动控制过程必须在确保安全的前提下进行，冲床手动控制PLC程序如图1-117所示。通过触摸屏设定起动脉冲宽度来触发冲床起动，不同设备接收的信号脉冲宽度不尽相同，针对其他项目可以结合实际情况来改变脉冲宽度，或者通过触摸屏调节脉冲宽度，如图1-118所示。

```
 M399   Y001   M114   X034   Y017   X036   M115                              ┌SET    M115  ┐
──┤├─────┤├─────┤↑├─────┤├─────┤├─────┤/├─────┤/├───────────────────────────      冲床2起动标识
 使能   三色   冲床2  冲床2  冲床2  冲床2  冲床2
 有效   灯(黄) 起动   准备好 自动模式 运行中 起动标识
               HMI


 M115                                                                              K15
──┤├─────────────────────────────────────────────────────────────────────────────(T3   )
 冲床2                                                                            冲床2起动
 起动标识


 X035                                                                          ┌RST    M115  ┐
──┤↑├──────────────────────────────────────────────────────────────────────        冲床2起动标识
 冲床2
 加工完成
```

图1-117　冲床手动控制PLC程序

图1-118　触摸屏调节脉冲宽度

　　自动运行段是整个自动化生产线的核心，自动运行中的各种逻辑处理都放在这段中。值得注意的是，涉及可以手动调试的执行单元时，一定要区分自动和手动状态，以免造成误动作。机器人自动取料完成信号反馈程序如图1-119所示，机器人 A 自动放料信号输出程序如图1-120所示，冲床 3 自起动程序如图1-121所示。

```
 X050   M100                                                                  ┌SET    M128  ┐
──┤↑├─────┤├───────────────────────────────────────────────────────────────       机器人A
 机器人A  起动                                                                   取完标识
 取料完成
```

图1-119　自动取料完成信号反馈程序

```
 M129   X026   Y012   M100   X030                                                  (Y043 )
──┤├─────┤├─────┤├─────┤├─────┤/├──────────────────────────────────────────────── 机器人A
 机器人B  冲床1  冲床1  起动   冲床1                                                 允许放料
 取完标识 准备好 自动模式      运行中
```

图1-120　机器人A自动放料信号输出程序

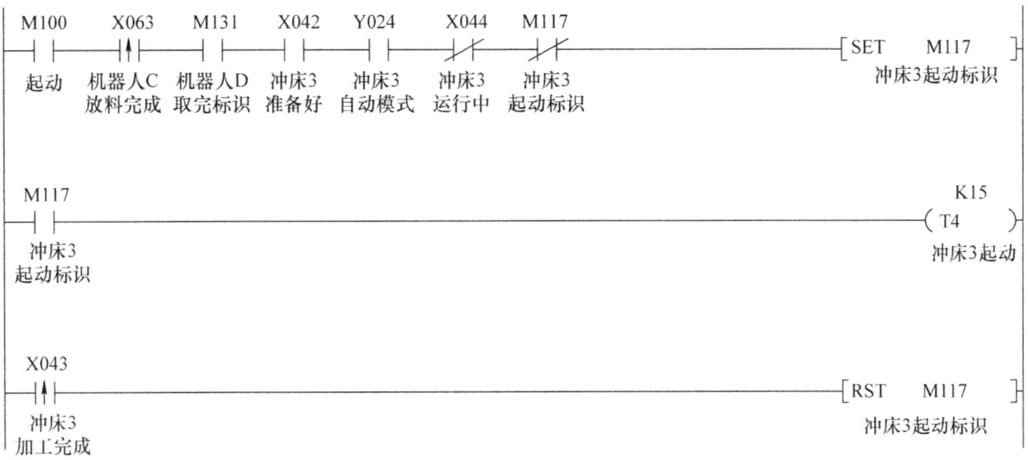

图1-121　冲床3自起动程序

三、自动化生产线运行状况判断方法

自动化生产线运行状况的好坏直接影响整条线的产能以及使用寿命，甚至会导致安全隐患。通常可以通过对系统的观察、对生产线的检查、客户的反馈情况对生产线的情况做出判断。

对系统的观察是指对 PLC 和触摸屏程序进行观察，通过这种观察通常会发现一些程序中的小问题，找到可以优化的地方，进而解决一些生产线中出现的"莫名其妙"的问题，通过触摸屏观察生产数据、报警记录等也可以排查出一些常见的问题，因此，一定要将触摸屏的内容做完善，以便交付使用后客户通过触摸屏对生产线进行判断。

对生产线的检查是指对生产线进行细节检查，对关键元器件进行性能检测，进而对故障进行排查。比如气缸推出不到位要对到位传感器、电磁阀、气缸及控制电路进行逐一排查。

客户的反馈是检验自动化生产线最有说服力的标准。生产线交付使用初期，客户对其情况不太熟悉。经过一定时间后，客户可以对生产线的产能、优缺点、安全性以及人性化程度做出正确判断。因此，与客户沟通可以发现可能存在的问题以便及时优化。当客户遇到某些特殊工艺处理有别于常规操作时，要针对这种情况对客户进行说明。

测　试　题

一、填空题

1. 目前，机器人位姿的示教比较常用的方式是_____、_____、_____。

2. 离线编程主要利用_____和_____，在三维虚拟空间构造虚拟工作站，结合焊接、喷涂等具体工艺，实现工业机器人节拍设计和自动自主编程。

3. 工业机器人离线编方式越来越备受关注，不仅可替代传统的手动示教编程，实现了快速编程，也可通过_____和_____，提升了工业机器人的实际运行效率和加工精度。

4. 机器人编程指令一般包含_____、_____、_____、_____和_____等。

5. PLC采用一种可编程序的存储器，在其内部存储执行逻辑运算、顺序控制、定时、计数和算术运算等操作的指令，通过_____或_____的输入、输出来控制各种类型的机械设备或生产过程。

二、简答题

1. 简述机器人工具坐标定义与设定方法。

2. 结合本单元知识，简单描述机器人离线编程软件可以实现的功能。

3. 请简述项目实施中的各个阶段。

三、实践题

1. 通过本单元学习，尝试使用PLC完成简单的冲床冲压动作后延时0.5s通知机器人取料的梯形图程序。

2. 通过PLC完成生产线由于机器人长时间没有执行取放料动作导致报警的梯形图程序。

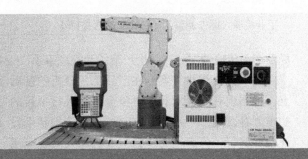

第二单元

机器人系统应用方案制订与集成

第一节　机器人应用方案评估与论证

> **培训目标**
>
> ➤能结合现场实际情况和工艺需求进行机器人应用方案评估和论证
> ➤能制订码垛、打磨、视觉分拣和焊接等机器人系统集成方案
> ➤能优化机器人工程应用方案

一、方案可行性评估知识

1. 机器人系统应用方案制订流程

规范化的企业项目立项后一般都需要进行可行性研究，对方案进行编制和报批并形成可行性研究报告。

工业机器人系统应用方案制订是在特定的时间、预算、工艺要求等限定条件内，为实现某产品自动化生产而制订详细实施方案的工作，是企业生产项目能够顺利和成功实施的重要保障和依据。在制订工业机器人系统应用方案时，项目方案工程师和销售工程师到达客户现场了解需求，收集产品图样和样品，查看现场工人操作情况和产品质量要求；公司内部相关技术人员讨论评估方案可行性及风险；方案工程师制作工作站的 2D 布局图、3D 示意图，列出硬件、软件配置清单，整理汇总成技术文档，形成工业机器人系统应用方案；方案工程师通过工业机器人模拟软件对方案进行系统动作模拟仿真并生成模拟视频，验证方案的节拍、干涉及可行性，根据配置清单编制系统方案的报价单提交部门经理审核后，与客户讨论方案及报价，根据客户的反馈优化方案及修改报价；方案定稿后提交销售工程师。

工业机器人系统应用方案制订流程如图 2-1 所示。

（1）项目需求调研　在工业机器人系统应用方案制订前对客户进行必要的需求调研，一般至少需要多次沟通及现场调研才能够采集到客户的实际需求数据，主要调研包括客户设备情况、产品工艺要求、生产节拍要求、生产环境要求以及技术人员水平等信息数据。

（2）产品工艺分析　根据项目调研信息与客户进行有效沟通，了解产品生产工艺、方案布局及产品传输情况、产品生产节拍和注意事项、设备使用地点的技术参数等。

（3）拟订初步方案　在产品工艺分析的基础上，根据现有的技术和客户资金预算进行项目的初步方案设计，一般采用 2D 或 3D 的模拟辅助设计软件进行，内容主要包括工业机器人系统应用方案布局图（整体示意图，局部示意图）、功能结构简介、设备技术参数、特定工艺解决方案说明等。

（4）方案可行性分析　在拟订方案时进行的可行性分析，主要是方案工程师根据自身能力水平对工业机器人系统应用方案的必要性、可行性、合理性进行技术上、经济效益上的综合评估与论证，主要论证能否满足客户的基本需求，以便与客户进行沟通。

（5）详细方案设计　设计工程师根据项目方案进行机械设计和电气设计，设计出详细的装配图、零件图、电气图样等，选出执行元器件、电控配件并列出加工零件清单和物料清单（Bill of Materials, BOM）等，由工程人员组成审核组，对所设计出的图样进行审核并交由客户进行确认。

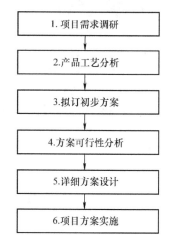

图2-1　工业机器人系统应用方案制订流程

（6）项目方案实施　根据客户确定的实施方案进行设备组件采购及安装实施，主要包括零部件加工及标准件采购、结构件组装调试、电气设备安装调试、机器人程序编写及调试、项目交接与验收等。

2. 机器人系统应用方案可行性研究

机器人系统应用方案可行性研究是项目前期工作的主要内容，需在项目投资决策前对有关建设方案、技术方案和生产经营方案进行技术经济论证并最终确定是否正式投资立项。

可行性研究必须从系统总体出发，对技术、经济、财务、商业乃至环境保护、法律等多个方面进行分析和论证，以确定建设项目是否可行，为正确进行投资决策提供科学依据。

项目的可行性研究是对多因素、多目标系统进行不断的分析研究、评价和决策的过程，它需要有各方面知识的专业人才通力合作才能完成。可行性研究不仅应用于生产项目，还可应用于科学技术和工业发展的各个阶段与各个方面。例如，工业发展规划、新技术的开发、产品更新换代、企业技术改造等工作的前期，都可运用可行性研究。

（1）工业机器人应用方案评估和论证应坚持的原则

1）可行性研究报告必须实事求是，对项目的要素进行认真、全面的调查和详细的测算分析，做多方案的比较论证。

2）具体论述项目应设立在经济上的必要性、合理性和现实性。

3）技术应建立在设备的先进性、适用性和可靠性上。

4）成本控制应建立在财务的营利性和合法性上。

5）环境上的可行性。

6）建设上的可行性，为项目法人和领导机关决策、审批提供可靠的依据。

（2）机器人应用方案可行性研究报告　内容要完整，文字要简练，文件要齐全，应由编制单位的行政、技术、经济负责人签字。负责编制可行性研究报告的单位，提供的数据资料应准确可靠，符合国家有关规定；各项计算应该科学合理；对项目的建设、生产和经营要进行风险分析，留有余地；对于不落实的问题要如实反映，并提出有效的解决措施。

（3）机器人应用方案的可行性研究是确定是否进行投资决策的依据　社会主义市场经济投资体制的改革，把原先由政府财政统一分配投资的模式变成了由国家、地方、企业和个人的多元投资格局，打破了由一个业主建设单位无偿使用的局面。因此，投资业主和国家审批机关主要根据可行性研究提供的评价结果，确定是否对此项目进行投资和如何进行投资。

（4）机器人应用方案可行性研究是编制设计任务书的重要依据，也是进行初步设计和工程实施管理工作中的重要环节　可行性研究不仅对拟议中的项目进行系统分析和全面论证，判断其是否可行、是否值得投资，而且要进行反复比较，寻求最佳应用方案，避免项目方案的多变造成人力、物力、财力的巨大浪费和时间的延误。这就需要严格执行项目建议书、可研报告的审批制度，确保项目建议书、可研报告的质量和足够的深度。假如在设计初期不能提出高质量的、切合实际的设计任务书，不能将建设意图用标准的技术术语表达出来，自然也就无法有效地控制设计全过程。如果使工程的初步设计起不到控制工程轮廓及主要功能的作用，或在只有一个粗略的方案下便草率地进入施工图设计，设计项目管理与施工难免会出问题。

二、机器人生产加工工艺流程知识

在机械零件加工制造业中，零件的加工质量、加工效率和加工成本与零件的加工工艺密切相关。传统由人工、单机手动生产零件的方式已越来越不适合现代企业加工的需要，为减轻劳动强度、提高生产效率、降低劳动成本，采用机器人自动化生产线加工零件的生产方式，在现代制造业中已得到越来越多的应用，从而最大限度地满足加工制造业中高速度、大批量、高品质加工零件的需要，使加工制造业走向机器人自动化生产线的规模化、批量化、高效化、自动化的现代制造业新时代。

1. 工艺分析

零件加工工艺性分析是机械加工制造业至关重要的技术准备，是决定零件加工方法、加工质量、加工成本的指导性文件，是自动化生产线设计不可缺少的工艺性文件。

设计自动化生产线之前，设计人员必须对加工零件的工件材料、加工内容、加工精度、加工质量等进行详细的工艺分析，制订详细的零件加工工艺线路，编写零件加工过程工艺卡片，明确零件加工时的定位面、夹紧点，制订有效的加工切削参数，包括切削速度、进给量和切削深度。考虑零件加工时所采用的夹具、刀具、量具及零件加工后的检测方法，工件在各工序之间流转时需要的清洗、储存、翻转、搬运等中间工位，考虑零件流转过程中所需的输送平面、输送方式，零件输送过程中的导向定位、信号检测，考虑机器人抓手取工件时的定位、夹紧、松开和检测等。这些工艺参数的确定，对设计自动化生产线具有非常重要的作用。

2. 生产节拍的计算

节拍是指连续完成相同的两个产品（或两次服务，或两批产品）之间的间隔时间，即完成一个产品所需的平均时间。

1）系统理论节拍计算。节拍计算公式为

$$R = \frac{T_{效}}{\dfrac{Q}{1-F}} = \frac{Ti}{\dfrac{Q}{1-F}} = \frac{Ti(1-F)}{Q}$$

式中　R——节拍（s/件），它是满足系统工作所需的理论时间节拍；

　　　Q——计划期内所制造的产品量（件），除计划中规定的任务外，还包括不可避免的废品；

　　　F——不合格产品占有率；

　　　$T_{效}$——计划期有效工作时间（s）；

　　　i——时间利用系数，计划期制度工作时间内设备的实际开动时间；

　　　T——计划期制度工作时间（s）。

2）所需设备计算。设备台数计算公式为

$$S = \frac{T_j}{R}$$

式中　T_j——单台设备完成单个零件所需的实际工作时间（s）；

　　　R——节拍（s/件）。计算结果一般为小数，实际使用设备台数 S 需将计算结果取整。

3. 设备选型、布局

根据上述零件加工工艺流程分析，结合自动化生产线的制造成本等方面，综合考虑确定设备的选型、布局，形成自动化生产线，具体要求如下：

1）加工设备具有自动开关门且工作台上部具有开阔的上料空间。

2）加工设备具有自动开关门且设备工作台沿直线在某一区域内有规则布置。

3）加工设备工作台上部无固定主轴、换刀系统等，如数控车床、数控磨床、卧式加工中心等。

除上述情况外，加工设备在工作台上方没有有效的上料空间，如立式加工中心、数控立车等只能采用关节式机器人从加工设备前门上下料。

三、制订机器人系统集成方案

制订机器人系统集成方案是指在项目可行性研究的基础上，通过与客户进行反复多次有效的沟通与确认，为满足客户对集成项目的生产性能预期，根据客户需求调查表等信息对集成项目的特征要求与功能进行分析，设计工作站工装夹具示意图、工作站 2D 平面布局图、工作站 3D 示意图、工作站生产流程、生产节拍和可达到的工艺效果等内容，编写项目方案书并通过仿真技术人员制作仿真模拟动画，核算出报价后将方案书以及仿真动画向客户进行展示确认的过程。在方案设计工作过程中，要遵循行业、企业方案设计相关技术规范，保护公司与客户的商业秘密，遵守企业生产现场管理规范及"6S"管理要求。

下面通过一份"××公司工业机器人自动化生产线技术方案"，分析、学习机器人系统集成方案的制订。

案例：

××公司工业机器人自动化生产线技术方案

项目编号：JG-B-1025

甲方：××××公司

乙方：×××××机器人系统集成公司

1. 项目信息

1.1　项目概述

本项目加工单元的自动化设备系统针对甲方法兰类工件的自动车削加工所设计，加工设备有数控车床、关节机器人、上料机构、回料机构、翻转机构、单元控制器及系统等。根据用户的实际需要，该系统吸取了国际先进的设计经验，配置国内、外先进的功能部件并融入公司多年的技术储备与先进的制造工艺，是一种集电气、自动控制、液压控制和现代机械设计等多学科、多门类的精密制造技术为一体的机电一体化机床新产品。

1.2　使用条件

（1）使用状况　必须依靠人工执行毛坯、工件进出加工单元的搬运及备料等工作，且须由人工更换刀片，加注切削液、润滑油等。为符合一般用户作业状况，本单元依人工操作分班制作业，可三班制作业。

（2）使用率　在考虑机器定期维修保养、暖机，以及准备刀具、毛坯、工件搬运等非生产工时后，根据本公司的经验及统计资料，本自动化加工单元的使用率约为0.85。

2. 方案设计依据

2.1　产品信息

产品主要有两种：一种是圆形法兰，如图2-2所示；另一种是方形法兰，如图2-3所示。

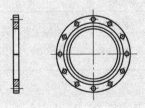

外径/mm	内径/mm	厚度/mm	质量/kg
335	222	25	9.6
310	156	25	11
280	163	25	8
295	195	20	6
250	105	25	7.7
220	91	20	4.9
220	91	16	3.9
200	91	20	3.9
200	91	16	3.2
190	91	20	3.4
170	76	30	4.3
165	62	20	2.9
156	100	20	1.8
115	35	12	0.87

图2-2　圆形法兰参数

方形尺寸/mm	内孔直径/mm	厚度/mm	质量/kg
120×120	50	16	1.6
120×120	50	30	2.9
125×125	62	16	1.6
150×150	91	20	2.5
160×160	91	25	3.7
160×160	85	30	4.6

图2-3　方形法兰参数

2.2　工艺信息

（1）圆形法兰　工艺信息见表2-1。

1）毛坯类型为型材下料。

2）毛坯质量为0.87~11kg。

表2-1　圆形法兰工艺信息

工序号	工序内容	装夹形式	切屑类型	加工时间/min	备注
OP10	夹外圆；平端面、车内孔、倒角	自定心卡盘		1~4	根据工件大小加工节拍不同
OP20	掉头、夹内孔；车另一端面、外圆、倒角	自定心卡盘		1~4	

（2）方形法兰　工艺信息见表2-2。

1）毛坯类型为型材下料。

2）毛坯质量为1.6~4.6kg。

表2-2　方形法兰工艺信息

工序号	工序内容	装夹形式	切屑类型	加工时间/s	备注
OP10	夹半边内孔；车另外半边内孔	自定心卡盘		30~90	根据工件大小加工节拍不同
OP20	掉头、夹车过的内孔；车另半边内孔、端面	自定心卡盘		90~200	

2.3　设备情况

圆形法兰加工设备共2台，参数见表2-3；方形法兰加工设备2台，参数见表2-4。

表2-3　圆形法兰设备参数

设备名称	数控车床	主轴准停功能	无
设备型号	CKA6150	卡盘类型	手动卡盘
生产厂家	大连机床	自动尾座	有
系统型号	GSK980TDb	刀架类型	卧式4工位

表 2-4 方形法兰设备参数

设备名称	数控车床	主轴准停功能	无
设备型号	HK63B/SK40P	卡盘类型	手动卡盘
生产厂家	宝鸡机床	自动尾座	有
系统型号	GSK980TDb	刀架类型	卧式4工位

2.4 技术要求

1）抓手可以同时夹持两个工件。

2）机器人在断电、断气时，所抓工件不能松开或脱落。

3）机器人送料、取料动作要确保正确、到位，卡爪夹持工件时不能造成工件损伤。

4）抓手具有位置确认开关。

5）紧密配合零件加工的生产节拍，保证工作效率。

6）毛坯库及成品库以1.5h的加工量为设计准则，人员上下料必须在机器人运动范围以外。

7）控制系统具有软/硬限位，控制异常、急停等故障显示和报警功能。

8）本方案设计的机器人抓手只能抓取甲方提供的工件。

9）设计有安全防护栏。

3. 方案设计

3.1 方案布局

方案整体布局分 A、B 两个单元，其中单元 A 负责较大规格圆形法兰加工，单元 B 负责方形法兰和较小规格圆形法兰的加工，如图 2-4 所示。

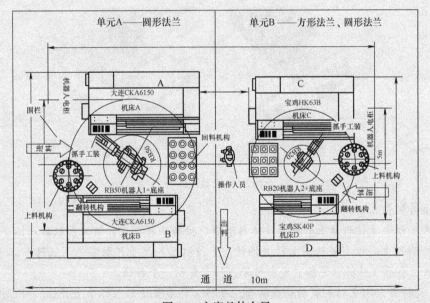

图2-4 方案整体布局

3.2 方案配置

项目方案配置见表 2-5。

表2-5　项目方案配置

序号	名称	型号/配置	数量	品牌	备注
1	工业机器人	RB20（机器人本体、控制柜、示教盒）	1套	GSK	
		RB50（机器人本体、控制柜、示教盒）	1套	GSK	
2	机器人底座	定制	2台	GSK	
3	抓手	结构件、气爪	3套	JRT	圆形法兰2套、方形法兰1套
4	上料机构	伺服旋转料仓	2套	GSK	
5	下料机构	气缸滑台	2套	GSK	
6	工件翻转台	定制	2台	GSK	
7	气动系统	三联件、电磁阀等	2套	气立可	
8	安全系统	安全开关、报警灯等	1套	GSK	
		防护围栏	1套	GSK	
9	控制装置		1套	GSK	

3.3　主要部件简述

本节所示仅为主要部件的方案示意图，交货产品以最终设计图样为准。

3.3.1　抓手

根据零件的重量、外形，自动线抓手选用进口气动抓手。机器人抓手夹持方式采用外夹结构，根据工件大小不同，需要更换气爪上的手指，附带吹气功能，去除卡盘内的切屑。机器人抓手如图2-5所示。

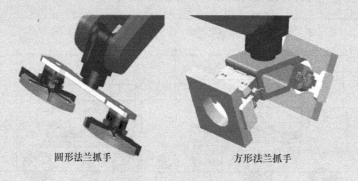

圆形法兰抓手　　　　　　　　　　方形法兰抓手

图2-5　机器人抓手

3.3.2　上料机构

工人手动依次往料盘上码料，系统启动后料盘转动将毛坯件运输至机器人抓手上料位，传感器检测到上料位有料时，电动机停转，等待机器人抓手抓取零件。机器人抓手会自动抓取工件，整叠工件抓取完后，发出信号使料盘转动一个料位。

1）旋转料仓由电动机驱动转盘转动，并将工件带至机器人抓手上料位。料位设计有调整机构，可适应一定直径范围内的不同零件。

2）本料仓每次堆满工件后，能满足近1.5h的自动化加工，工件加工完成后系统会发出报警信号，提醒工人添加毛坯。旋转料仓如图2-6所示。

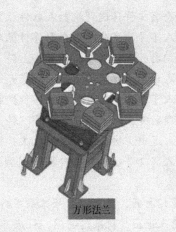

圆形法兰　　　　　　　　　　方形法兰

图2-6　旋转料仓

3.3.3　下料仓

下料仓采用导轨滑台结构，如图2-7所示。工件加工完成后依次放入料盘内，并进行计数。料盒放满后给出信号，滑台滑动到取料位置，提醒人员取料。

3.3.4　翻转台

翻转台采用气缸夹持结构，如图2-8所示。工件经过第一序加工后放入翻转架进行翻转。

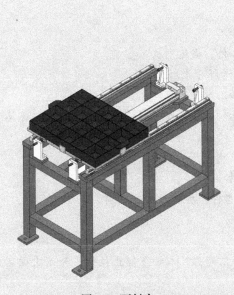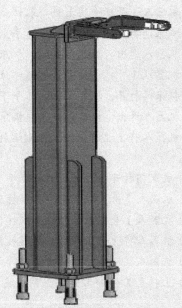

图2-7　下料仓　　　　　　　　　图2-8　翻转台

3.4　动作流程

（1）圆形法兰加工流程

1）工人将工件摆放到上料仓，按下启动按钮。

2）上料仓将工件传送到机器人取件位置。

3）机器人 1 号抓手从上料仓取件位抓取工件，搬运到机床 A 前。

4）机床门打开，机器人 1 号抓手上料。

5）机器人退出，机床门关闭，机床开始加工。

6）机器人 1 号抓手从上料仓取件位抓取工件，搬运到机床 A 前。

7）机床门打开，机器人 2 号抓手下料，1 号抓手上料。

8）机器人退出，机床门关闭，机床开始加工。

9）机器人将 2 号抓手的工件搬运到翻转台，机器人 1 号抓手反向抓取工件，搬运到机床 B 前。

10）机床门打开，机器人 2 号抓手下料，1 号抓手上料。

11）机器人退出，机床门关闭，机床开始加工。

12）机器人将 2 号抓手的工件摆放到下料仓。

13）机器人循环执行上下料流程。

14）上料仓工件加工完成，系统发出报警信号，工人按下停止按钮，为下次循环工作做准备。

（2）方形法兰加工流程

1）工人将工件摆放到上料仓，按下启动按钮。

2）上料仓将工件传送到机器人取件位置。

3）机器人 1 号抓手从上料仓取件位抓取工件，搬运到机床 C 前。

4）机床门打开，机器人 1 号抓手上料。

5）机器人退出，机床门关闭，机床开始加工。

6）机器人 1 号抓手从上料仓取件位抓取工件，搬运到机床 C 前。

7）机床门打开，机器人 2 号抓手下料，1 号抓手上料。

8）机器人退出，机床门关闭，机床开始加工。

9）机器人将 2 号抓手的工件搬运到翻转台，机器人 1 号抓手反向抓取工件，搬运到机床 D 前。

10）机床门打开，机器人 2 号抓手下料，1 号抓手上料。

11）机器人退出，机床门关闭，机床开始加工。

12）机器人 1 号抓手从上料仓取件位抓取工件，搬运到机床 C 前。

13）机器人将 2 号抓手的工件摆放到下料仓。

14）机器人循环执行上下料流程。

15）上料仓工件加工完成，系统发出报警信号，工人按下停止按钮，为下次循环工作做准备。

3.5 节拍估算

机器人从料仓抓取工件搬运到机床前，工件的翻转以及放入成品料仓的动作可以和机床的加工过程同步进行，所以从动作流程中可以看出，影响节拍的主要动作是最长工序的加工时间和机器人上下料时间（包括机床门打开，机器人 2 号抓手下料、1 号抓手上料，机器人退出，机床门关闭的时间）。

单日产能计算：

机器人上下料的时间：15~20s。

最长工序的加工时间：由于工件品种繁多，设工序时间为120s。

单日上下料单元运行时间：16h。

上下料单元使用率：0.85。

单日产能为：16h×60min/h×60s/min×0.85/（15~20s+120s）≈349~362件/天。

3.6 机器人概述

本方案选用RB20/RB50工业机器人，RB系列机器人技术参数如图2-9所示。

项目		型号			
		RB03	RB08	RB20	RB50
自由度		6	6	6	6
驱动方式		交流伺服驱动	交流伺服驱动	交流伺服驱动	交流伺服驱动
有效负载		3kg	8kg	20kg	50kg
重复定位精度		±0.05mm	±0.05mm	±0.08mm	±0.07mm
运动范围	J1轴	±170°	±170°	±170°	±180°
	J2轴	+150°～-60°	+120°～-85°	+133°～-95°	±130°～-90°
	J3轴	+75°～-170°	+85°～-170°	+76°～-166°	±280°～-160°
	J4轴	+190°	±180°	±180°	±360°
	J5轴	+125°	±135°	±133°	±120°
	J6轴	+360°	±360°	±360°	±360°
额定速度	J1轴	2.62rad/s,150°/s	2.09rad/s,120°/s	1.90rad/s,109°/s	1.23rad/s,70°/s
	J2轴	2.62rad/s,150°/s	2.09rad/s,120°/s	1.30rad/s,74.5°/s	1.12rad/s,64°/s
	J3轴	3.14rad/s,180°/s	2.09rad/s,120°/s	1.74rad/s,100°/s	0.90rad/s,51°/s
	J4轴	4.71rad/s,270°/s	3.93rad/s,225°/s	3.93rad/s,225°/s	2.51rad/s,144°/s
	J5轴	4.71rad/s,270°/s	2.53rad/s,145°/s	2.56rad/s,147°/s	2.92rad/s,167°/s
	J6轴	4.71rad/s,270°/s	5.24rad/s,300°/s	5.16rad/s,296°/s	5.10rad/s,292°/s
周围环境	温度	0~45℃			
	湿度	20~80%(不结露)			
	其他	1、避免与易燃易爆及腐蚀性气体、液体接触 2、勿溅水、油、粉尘 3、远离电器噪声源(等离子)			
安装方式		地面安装			
电柜质量		125kg			
本体质量		75kg	180kg	245kg	600kg

图2-9 RB系列机器人技术参数

3.7 控制方案

1）自动化单元中设计有三色报警灯，正常工作时三色报警灯显示绿色，若单元出现故障，三色报警灯会及时显示红色报警。

2）机器人控制柜、示教盒上设有急停按钮，当系统发生紧急情况时，可通过按下急停按钮来实现急停并同时发出报警信号。

3）通过示教盒可以编制多种应用程序，满足产品更新换代及增加新产品的要求。

4）安全防护栏上设有安全锁，当安全锁打开时，自动化单元会立即停止工作。

5）机器人自带I/O与外围设备进行信号交接。

3.8 应用要求

3.8.1 电源

1）电压要求为三相四线 AC 380V ± 38V。

2）频率要求为 50Hz。

3）电源容量要求为 23KV·A。

4）要求机器人控制柜电源配有独立的断路器。

5）机器人控制柜必须接地，接地电阻小于 0.1Ω。

3.8.2 气源

压缩空气需滤除水气、杂质，且经过三联件后的输出压力大于 0.4MPa。

3.8.3 地基

1）以甲方车间常规水泥地面处理，各设备安装底座采用膨胀螺栓与地面固定。

2）混凝土强度为 210kgf/cm^2（3000lbf/in^2）。

3）混凝土厚度大于 150 mm。

4）地基不平整度小于 ±3mm。

3.8.4 环境条件

1）环境温度为 0~45 ℃。

2）相对湿度为 20%~75%（不能有结露）。

3）振动加速度为 0.5g 以下。

4）其他条件包括避免易燃、腐蚀性气体、流体，勿溅油、水、粉尘等，勿接近电气噪声源。

3.8.5 设备改造

1）增加主轴准停功能。

2）增加液压卡盘。

3）增加六工位刀塔。

4）机床门自动开关改造。

5）4台机床改造均在卖方进行，所有费用由卖方承担（包括往返运输费用）。

4.供货范围

供货范围由厂家卖方以及终端用户协商，见表2-6。

表 2-6　供货范围

序号	项目	供货方		备注
		卖方	用户	
1	设计	◎		
2	制造	◎		
3	安装、调试	◎	○	
4	机器人底座	◎		
5	工装	◎		上料仓、下料仓、抓手、翻转台、抽检台等
6	防护栏	◎		
7	辅助设施		◎	电源、压缩空气
8	机床改造	◎		自动门、PLC、液压卡盘、刀塔等
9	起重设备		◎	行车 / 叉车
10	地基制作	◎	○	
11	培训	◎		

注："◎"表示负责；"○"表示协助。

5. 项目进度计划

根据项目情况以及供货日期，协商项目进度计划，见表 2-7。

表 2-7　项目进度计划

序号	项目节点	周期	备注
1	设计会签	3 周	
2	设备制造及调试	6 周	
3	设备预验收	2 周	
4	设备运输至客户现场	1 周	
5	终验收	1 周	

6. 安装调试

6.1　预调试

自动化单元在发货前，将在卖方工厂进行组装和功能测试，调试完成后卖方会通知买方进行整套系统的预验收。

6.2　最终调试

1）卖方发货后将根据买方的现场准备情况，派遣工程师到用户现场进行系统的安装、调试及使用培训。

2）安装计划和技术要求将在安装前 2 周内交给买方，买方应按照要求及时做好准备，以配合调试计划。

3）安装前买方应准备好合适的设备安装场地，地基被默认为有足够的强度和刚度。

4）设备工作区域防护围栏由卖方提供。

7. 培训

培训实施根据客户要求，在买方用户安装现场进行，培训时间不少于3天，培训师费用由卖方自行承担。

8. 验收

设备验收由三步完成，包括设计图样审核会签；在卖方工厂的预验收；在买方工厂的终验收。

8.1 设计图样审核会签

1）卖方完成项目三维设计图之后，与买方技术人员对有关图样进行审核。

2）审核的设计图样有主要部件三维设计图、机器人工作站平面布置图。

3）设计图样审核后，双方代表签字确认。卖方将根据会签后的图样进行细化，然后进行加工制造。

4）设计图样签字确认后，即视为审核会签通过。

5）任何一方若对会签后的图样提出更改要求，都必须得到对方的同意。

8.2 预验收

1）预验收在卖方进行，系统设备在卖方工厂预安装调试满足预验收条件后通知买方，买方接到通知后派遣授权技术代表赶赴卖方所在地，对系统设备进行预验收并在5个工作日内出具预验收意见。

2）验收内容指根据产品买卖合同和技术协议的有关内容，检验核对产品数量、品牌、型号、运转状况以及试件情况。

3）买方不满意处，双方协商完成后，卖方将有针对性地进行改善，直至双方签署预验收报告。

4）预验收完成后，双方签署预验收报告后设备发至买方指定的现场，卖方对本系统的设计将不做结构性的更改。

8.3 安装调试验收

系统设备在买方指定现场安装、调试完成后，双方有关人员一起对设备进行试运行；所有验收条件均依据双方事先签订的验收标准执行。

9. 技术资料提供

技术资料由厂家提供，主要内容见表2-8。

表2-8 技术资料主要内容

技术资料	数量		单位	提供时间	语言
	电子版	纸质版			
设备基础图、平面布置图	1	1	套	双方协商	
机器人操作说明书	1	1	套		
机器人使用说明书	1	1	套		
机器人维修说明书	1	1	套		
电气原理图、电气接线图	1	1	套	随设备到货	中文
备件和易损件明细表	1	1	套		
产品合格证		1	套		
发货装货清单		1	份		

10.质保期

本套系统质保期为用户最终验收合格后12个月，机器人本体和控制系统质保期为一年，以及按优惠价提供买方提出的配件和技术服务。当设备发生故障以后，买方应将故障内容以传真形式或电话形式及时通知卖方，卖方在接到通知后2h内优先以电话形式沟通解决故障，如果电话沟通不能排除故障，则卖方将在接到故障通知后24h内安排技术人员从本部或临近服务站点出发，至买方现场进行服务。

若属正常使用状态下发生的故障破损，对属卖方责任的只要在上述质保期内，就可进行无偿修理或部品更换。

质保期结束后，卖方将有偿提供周全的技术支持及所需备品配件。

11.责任

1）买方提供电源、气源接口，电源、气源接口到设备配电柜的电缆和管道由卖方负责。

2）地基和土建由买方负责。

3）买方在卸货、安装、启动时，提供临时协助人员。

4）本技术协议作为合同附件，经买、卖双方签字后生效。

5）本技术协议为一式6份，买方执4份，卖方执2份。

6）未尽事宜双方友好协商解决。

　　甲　　　　方：　　　　　　　　　　　乙　　　　方：

　　买方代理人：　　　　　　　　　　　　卖方代理人：

　　日　　　　期：　　　　　　　　　　　日　　　　期：

第二节　安装集成

培训目标

➤能根据现场使用情况设定机器人，如焊枪位姿，工件规律性摆放等工具坐标系和工作坐标系

➤能连接机器人的I/O信号，完成机器人和外部设备的通信工作

➤能根据现场实际情况、图样及工艺要求对机器人系统进行安装集成

一、机器人工具坐标系、工件坐标系应用范围

机器人的坐标系一般包括关节坐标系、直角坐标系、手腕坐标系、工具坐标系和工件坐标系（也可称为用户坐标系），各坐标系的定义及相互关系如图2-10所示。

直角坐标系（也称为基坐标系）为机器人系统的基础坐标系，其他笛卡儿坐标系均直接或者间接基于此坐标系。其中，手腕坐标系为机器人的隐含坐标系，基于基坐标系定义，固结于机器人腕部法兰盘处，由机器人的运动学确定其在基坐标系中的位姿。

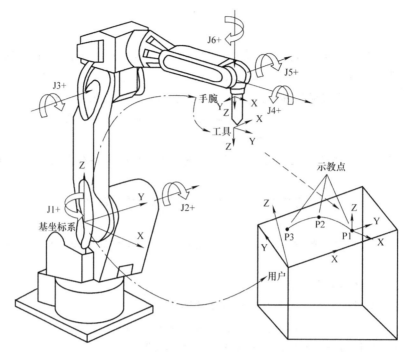

图2-10　各坐标系的定义及相互关系

（1）工具坐标系　工具坐标系基于手腕坐标系定义，把机器人腕部法兰盘所持工具的有效方向作为 Z 轴，并把坐标系原点定义在工具的尖端点，如图 2-11 所示。在工具坐标系未定义时，系统自动采用默认工具，这时，工具坐标系与手腕法兰盘处的手腕坐标系重合。当机器人跟踪笛卡儿空间某路径时，必须正确定义工具坐标系。在机器人示教移动过程中，若所选坐标系为工具坐标系，则机器人将沿工具坐标系坐标轴方向移动或者绕坐标轴旋转。当绕坐标轴旋转时工具坐标系的原点位置将保持不变，这叫作控制点不变的操作。在直角坐标系及用户坐标系中也可实现类似动作。此方法可用于校核工具坐标系，若在转动过程中工具坐标系原点移动，则说明工具坐标系参数错误或者误差较大，需要重新标定或者设置工具坐标系。

（2）工件坐标系　基于基坐标系定义，可用于描述工件的位置。在工件坐标系中，机器人可沿所指定的工件坐标系各轴平行移动或绕各轴旋转，如图 2-12 所示。在某些应用场合，在设置工件坐标系下示教可以简化操作。

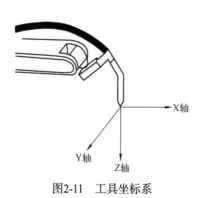

图2-11　工具坐标系

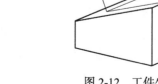

图 2-12　工件坐标系

利用"模式选择"键选择"示教"模式，通过"坐标设定"键切换系统的动作坐标系为用户坐标系，按下"使能开关"键，通过轴操作键，可使机器人控制端点 TCP 在用户坐标系各个轴的方向移动，与直角坐标系下的轴操作键类似。

二、机器人的 I/O 信号连接和检测知识

1. 机器人 I/O 信号连接

工业机器人的应用一般都离不开通信模块的参与，而且随着技术不断发展，在工业机器人领域趋向于个性化的解决方案。机器人的 I/O 通信方式是机器人与外围设备通信的最基本方式。

机器人控制器 I/O 信号的控制处理有两种方式：一种是物理 I/O 信号直接传递到机器人系统程序，根据程序的编程来处理；另一种方式是物理 I/O 信号与机器人内部 PLC 的 F 信号、G 信号进行映射连接，结合机器人内部 PLC 的编程处理以及机器人程序编程后，再将对应 I/O 信号状态刷新到机器人物理端口。机器人内部 PLC 模式的选择与机器人系统物理 I/O 信号处理有密切的联系，应充分理解相关操作方法。机器人 I/O 信号处理流程如下图 2-13 所示。

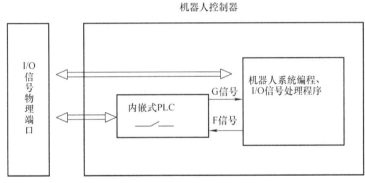

图2-13　机器人 I/O 信号处理流程

通过一个机器人简易搬运工作站的通信例子来了解机器人 I/O 通信信号的连接与检测，如图 2-14 所示。

机器人末端抓手夹具包括线缆、磁感应开关、电磁阀、端子排、线号管和线耳等元器件，对抓手夹具的控制通过机器人控制系统的 I/O 进行连接实现，GSK 机器人 GR-C 系统控制器如图 2-15 所示。GR-C 系统控制器有四个板块，从左到右分别为系统运动控制主板、系统功能拓展板、系统 I/O 板和系统 I/O 拓展板。

标配一块系统 I/O 板，含 32 个输入端口、32 个输出端口。根据需要，系统可以通过添加 I/O 板进行输入、输出信号数量的扩展。机器人系统物理 I/O 端口定义如图 2-16 所示。

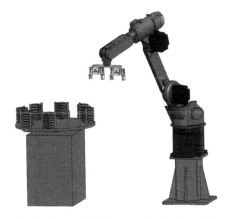

图2-14　机器人简易搬运工作站的通信

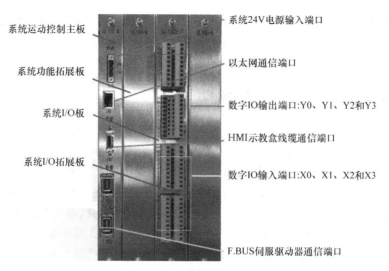

系统运动控制主板   系统24V电源输入端口

系统功能拓展板   以太网通信端口

系统I/O板   数字IO输出端口：Y0、Y1、Y2和Y3

           HMI示教盒线缆通信端口

系统I/O拓展板   数字IO输入端口：X0、X1、X2和X3

           F.BUS伺服驱动器通信端口

图2-15　GSK机器人GR-C系统控制器

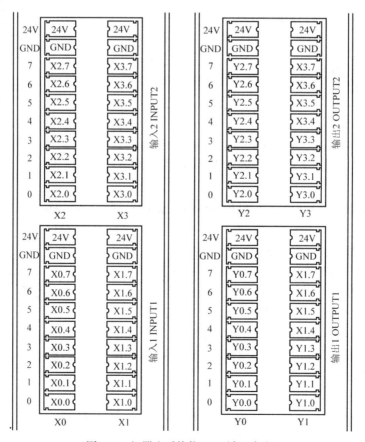

图2-16　机器人系统物理I/O端口定义

机器人简易搬运工作站要实现抓手通信连接，其I/O配置见表2-9。

表2-9　机器人I/O配置

序号	输入IN	接线端口	功能定义	输出OT	接线端口	功能定义
1	IN0	X10.0	急停输入	OT0	Y10.0	急停灯
2	IN1	X10.1	暂停输入	OT1	Y10.1	暂停灯
3	IN2	X10.2	启动输入	OT2	Y10.2	启动灯
4	IN3	X10.3	停止输入	OT3	Y10.3	停止灯
5	IN4	X10.4	使能输入	OT4	Y10.4	使能灯
6	IN5	X10.5	清除输入	OT5	Y10.5	清除灯
7	IN6	X10.6	焊接应用有效输入	OT6	Y10.6	焊接应用有效输出
8	IN7	X10.7	回归作业原点输入	OT7	Y10.7	回归作业原点输出
9	IN8	X11.0	抓手1夹紧到位	OT8	Y11.0	抓手1夹紧
10	IN9	X11.1	抓手1松开到位	OT9	Y11.1	抓手1松开
11	IN10	X11.2	抓手2夹紧到位	OT10	Y11.2	抓手2夹紧
12	IN11	X11.3	抓手2松开到位	OT11	Y11.3	抓手2松开

机器人I/O一般可分为系统专用I/O和用户自定义I/O两种。

（1）系统专用I/O　这是机器人控制系统指定特殊用途的I/O，一般为系统内部功能占用，例如机器人系统急停、外接暂停等功能。针对这类I/O，用户可以根据应用需求进行通信连接，物理端口固定用途，系统专用I/O一般包含输入I/O（IN0~IN7），输出I/O（OT0~OT7）信号，定义如下。

1）输入信号定义。通过外部输入I/O，让系统处于不同状态。目前可定义的输入I/O状态有急停、停止、暂停、运行、伺服使能、报警、清除、回断点、回第二原点和回第三原点共10种。例如，可以将防碰撞开关接入系统的某个I/O端口，将此端口配置为急停，如果发生碰撞，系统检测到碰撞后输入的I/O信号，则强制机器人系统紧急停止。

2）输出信号定义。用户可以根据需要，将当前机器人控制系统的状态输出到指定的I/O输出端口。例如，机器人与外部设备连接时发生了紧急事件处于停止状态，此时必须让外部设备也停下来，可以通过自定义输出将急停状态关联到系统I/O输出口，用来控制外接设备的紧急停止。目前，系统支持12种状态输出，分别为急停、停止、暂停、运行、使能、报警、回断点、回第二原点、回第三原点、示教模式、再现模式和远程模式。

（2）用户自定义I/O　机器人控制系统通过用户自定义的I/O端口输出当前控制系统的状态，也可以用此信号来控制机器人外围设备的互联互通。除了系统专用I/O，其他I/O用户都可自定义使用。用户自定义机器人抓手I/O接线原理图如图2-17所示。

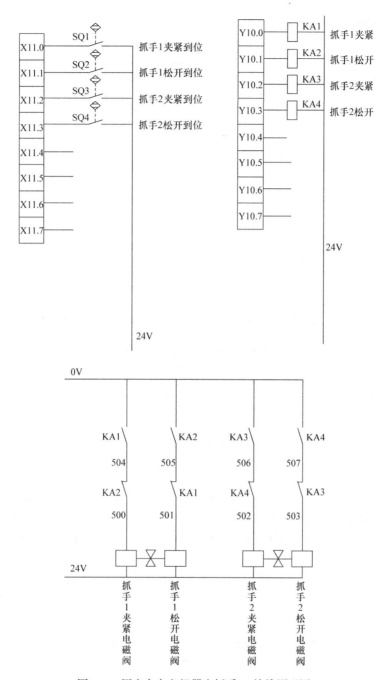

图2-17 用户自定义机器人抓手I/O接线原理图

2. 机器人 I/O 信号检测

将机器人抓手正确安装连接后，必须确保电气接线、机械安装以及气路连接都无误方可通电进行 I/O 信号检测。I/O 信号检测方法比较常用的有查看 I/O 监控检测、通过简易编程控制检测、直接测量三种方法。

（1）查看 I/O 监控检测

1）通电后，通过系统菜单进入"系统信号"子菜单，如图2-18所示，依次单击主页面、输入输出、系统信号。此方法比较简便、直观，适用检测信号较多时采用。

主页面	程序	编辑	显示	工具	B M					○

当前位置：主页面>输入输出>系统信号>

序号	状态	仿真	说明
IN0	1	U	急停
IN1	0	U	暂停
IN2	0	U	运行
IN3	0	U	停止
IN4	0	U	伺服准备 示教/再现/远程
IN5	0	U	清除报警
IN6	0	U	应用有效
IN7	0	U	回第一作业原点

输入/输出	B/F	退出

示教模式 32.prl

图2-18 "系统信号"子菜单

在此界面，通过"状态"可实现对各个机器人I/O输入信号状态的监控，如果信号端口有输入则自动置为"1"，无输入则自动置为"0"。

2）在"系统信号"菜单中，可通过底部"输入/输出"键切换系统外部输入信号（IN）和输出信号（OT）界面。通过此键切换到I/O输出监视界面，如图2-19所示。

主页面	程序	编辑	显示	工具	J I					○

当前位置：主页面>输入输出>系统信号>

序号	状态	仿真	说明
OT0	1	U	急停状态指示信号
OT1	0	U	暂停状态指示信号
OT2	0	U	运行状态指示信号
OT3	1	U	停止状态指示信号
OT4	0	U	使能状态指示信号
OT5	0	U	报警状态指示信号
OT6	1	U	焊接应用指示信号
OT7	1	U	回第一作业原点到位信号

输入/输出	B/F	退出

示教模式 RSR100.PRL

图2-19 I/O输出监视界面

在此界面，通过"状态"可强制控制机器人各个I/O输出信号的状态，从而通过观察机器人I/O所控制的外围设备的执行状态来判断I/O输出信号是否良好。

通过示教盒操作，将光标移动到对应I/O端口的"状态"上，然后在示教盒上按"选择"键切换该I/O端口输出状态。当信号端口手动置"1"时，强制输出信号打开，手动置"0"时强制输出信号关闭，通过观察机器人抓手动作检测I/O输出信号控制状态，如图2-20所示。

（2）简易编程控制检测　机器人 I/O 信号最终大多通过应用编程实现作业任务，因此，也可以通过编程方式来检测其信号状态。由表 2-9 可知机器人抓手的配置，通过以下程序来控制机器人抓手松开夹紧来检测 I/O 信号状态是否良好。须注意的是在运行程序时，必须确保机器人运动范围内无干扰，抓手处于可自由松开夹紧位置且不可用手去触碰夹具，以防夹伤。此方法比较适用于信号不多或针对某个功能信号的检测。

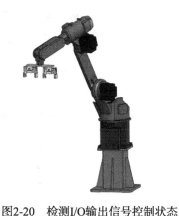

图2-20　检测I/O输出信号控制状态

程序案例：

MAIN :	// 程序开始
DOUT OT8, OFF;	// OT8 输出信号关闭
DOUT OT9, ON;	// OT9 输出信号打开（OT8 与 OT9 信号互锁，执行到此抓手 1 松开）
WAIT IN9 == ON;	// IN9 输入信号等待（抓手 1 松开到位反馈信号 IN9，有则为 ON）
DELAY T2;	// 延时 2s
DOUT OT9, OFF;	// OT9 输出信号关闭
DOUT OT8, ON;	// OT8 输出信号打开（OT8 与 OT9 信号互锁，执行到此抓手 1 夹紧）
WAIT IN8 == ON;	// IN8 输入信号等待（抓手 1 夹紧到位反馈信号 IN8，有则为 ON）
DOUT OT10, OFF;	// OT10 输出信号关闭
DOUT OT11, ON;	// OT11 输出信号打开（OT10 与 OT11 互锁，执行到此抓手 2 松开）
WAIT IN11 == ON;	// IN11 输入信号等待（抓手 2 松开到位反馈信号 IN11，有则为 ON）
DELAY T2 ;	// 延时 2s
DOUT OT11, OFF;	// OT11 输出信号关闭
DOUT OT10, ON;	// OT10 输出信号打开（OT10 与 OT11 互锁，执行到此抓手 2 夹紧）
WAIT IN10 == ON;	// IN10 输入信号等待（抓手 2 夹紧到位信号 IN10，有则为 ON）
END;	// 程序结束

（3）直接测量法　机器人 I/O 信号检测也可以通过使用万用表检测 I/O 端口电压的方法来判断信号是否良好。此方法一般适合用于信号异常时的检测判断。

例如，机器人抓手气缸松开到位传感器检测位置正确，但机器人没有接收到该反馈信号。此时，可以用万用表测量该反馈信号端子与接地端 GND（GR-C 系统接地端为 0V，输入信号为 24V，视不同系统判断输入信号电压值）电压值是否为 24V。若是 24V，则传感器反馈信号正常，机器人 I/O 端口故障导致接收不到该信号；若不是 24V（一般可能为 0V），则传感器反馈信号有问题，需要排除传感器及其反馈信号线故障。另外，还需用导线短接 24V 至该输入 I/O 端口，查看 I/O 监测界面该端口状态是否置 1，以此判断该 I/O 端口是否良好。

测　试　题

一、填空题

1. 机器人的坐标系一般包括_____、_____、_____和_____四个常用坐标系。

2. 机器人 I/O 一般可分为_____和_____两种。

3. 机器人项目方案可行性研究是运用多种科学手段对一项工程项目的_____、_____、_____进行技术上、经济效益上的综合评估与论证。

4. 工业机器人应用方案可行性研究大体可从_____、_____、_____三个大方面来进行。

5. 零件加工工艺性分析是机械加工制造业至关重要的技术准备，它是决定零件_____、_____、_____的重要指导性文件，是自动化生产线设计不可缺少的工艺性文件。

二、简答题

1. 什么是机器人项目方案可行性研究？工业机器人应用方案评估和论证应坚持哪些原则？

2. 请简单描述制订机器人系统集成方案的过程。

3. 机器人 I/O 信号比较常用的检测方法有哪些？

三、实践题

结合本章知识，通过机器人编程方式来检测一对机器人抓手夹具信号的状态，并详细记录过程与现象。

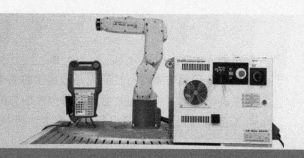

第三单元

机器人智能系统操作与调整

第一节　机器人系统调整

一、产品生产工艺和节拍知识

1. 产品生产工艺

从企业生产过程来解释工艺：工，工序；艺，技艺。工艺即指产品生产的工序和技艺。其中，工序既指生产过程中的各个阶段、环节，也指各加工阶段（环节）的先后次序。技艺是指包含有手工操作的生产过程中（应该）具有的技巧和艺术造诣。因此，生产工艺（Craft）实则是指劳动者利用生产工具对各种原材料、半成品进行增值加工或处理，最终使之成为制成品的方法与过程。

企业制订工艺的原则是：技术上的先进和经济上的合理。由于不同工厂的设备生产能力、精度以及工人熟练程度等因素都大不相同，所以对于同一种产品而言，不同的工厂制订的工艺可能是不同的，甚至同一个工厂在不同时期采取的工艺也可能不同。可见，就某一产品而言，工艺并不是唯一的。这种不确定性和不唯一性，和现代工业的其他元素有较大的不同，反而类似于艺术。因此，有人将工艺称为"做工的艺术"。

2. 产品生产节拍

生产节拍又称客户需求周期、产距时间，是指在一定时间长度内，总有效生产时间与客户需求数量的比值，是客户需求一件产品的市场必要时间。

一般，生产节拍可通过以下公式进行计算

$$T = \frac{T_a}{T_d}$$

其中，T——生产节拍；T_a——可用工作时间，min/天；T_d——客户需求，件/天。

另外，可用工作时间是指除了休息时间和所有预期停工时间（如维护和交接班的时间）。

例如，以每天有且只有一个常日班来说，总计有 8h（480min）。减去 30min 午餐时间，30min 休息时间（2×15min），10min 交接班时间和 10min 基本维护检查时间，那么可用工作时间 = 480min － 30min － 30min － 10min － 10min = 400min。当客户需求为每天 400 件时，每个零件的生产时间应控制在 1min 以内来满足客户的需求。

（1）生产节拍与生产周期　从定义可以看出，与生产周期不同，生产节拍实际是一种目标时间，是随需求数量和需求期的有效工作时间变化而变化的，是人为制订的。节拍反映的是需求对生产的调节，如果需求比较稳定，则所要求的节拍也是比较稳定的，当需求发生变化时节拍也会随之发生变化，如需求减少时节拍就会变长，反之则变短。生产周期则是生产效率的指标，比较稳定，是受到一定时期的设备加工能力、劳动力配置情况、工艺方法等因素影响决定的，只能通过管理和技术改进才能缩短。

（2）生产节拍对生产的作用　生产节拍对生产的作用首先体现在对生产的调节控制，通过节拍和生产周期的比较分析，在市场稳定的情况下，可以明确需要改进的环节，从而采取针对性的措施进行调整。例如，当生产节拍大于生产周期时，生产能力相应过剩，此时，如果按照实际生产能力安排生产就会造成生产过剩，导致大量中间产品积压，引起库存成本上升、场地使用紧张等问题；如果按照生产节拍安排生产，就会导致设备闲置，劳动力等工等现象，造成生产能力浪费。当生产节拍小于生产周期时，生产能力不能满足生产需要，这时就会出现加班、提前安排生产、分段储存加大等问题。因此，生产周期大于或小于生产节拍都会对生产造成不良影响。生产管理改进的目的就是要尽可能地缩小生产周期和生产节拍的差距，通过二者的对比分析安排生产经营活动。建立标准生产周期的目的就是要通过不断改进，使生产周期与市场需要的生产节拍相适应，从而保证生产能够均衡有序地进行。如果市场需求能够稳定在年产量为一固定值，那么节拍就比较稳定，这种节拍就可以作为提高生产周期的一个标杆，进而组织相关资源进行改进。

其次，生产节拍的应用能够有效防止生产过剩造成的浪费和生产过迟造成的分段供应不连续问题，并确定工序间的标准手持品数量。由经济学的常识可知，成本和产量间存在一种函数关系，当产量过剩时，成本就会增加，当产量不足时单位产品的成本同样处于较高水平，因此，从成本的角度出发，生产过剩和不足都是一种浪费，应用生产节拍就是解决这个问题。类似于准时化生产（Just In Time，JIT）的零库存理念，应用生产节拍就是要改变生产越多越好的观念，建立起适量生产的观念。为保证生产中分段连续供应，必要的、合理的分段储备在实际生产中也是必需的，因此，在平衡生产节奏的同时，通过工序能力的分析就可以建立起各工序间必要的手持分段数量，避免分段库存过多造成的严重浪费。

因此，生产节拍的使用将会使生产现场的作业规律化，达到生产活动稳定的目的，实现定置管理，并作为现场生产效率改善的依据。

二、生产设备进出料位置和角度知识

1. 自动化生产线的发展历程

自动化生产线是现代工业的生命线，机械制造、电子信息、石油化工、轻工纺织、食品制药、汽车生产以及军工业等现代化工业的发展都离不开自动化生产线的主导和支撑作用，其对整个工业及其他领域也有着重要的作用。

　　随着工业生产的发展和工厂规模的日益扩大，产品产量不断提高，原来的单机生产已经不能满足现代化生产的需求。在 20 世纪 20 年代之前，首先在汽车工业中出现了流水生产线和半自动生产线，随后发展成为自动化生产线。之后，随着科学技术的进步和经济的发展，机械制造中出现了自动化生产线，最早出现的是组合机床自动线。进入 21 世纪，工业生产中广泛使用各种各样的自动化生产线，并得到了更广泛的应用。

　　机械制造业中有铸造、锻造、冲压、热处理、焊接、切削加工和机械装配等自动化生产线，也有包括不同性质的工序，如毛坯制造、加工、装配、检验和包装等的综合自动化生产线。其中，切削加工自动化生产线在机械制造业中发展最快、应用最广，主要有用于加工箱体、壳体、杂类等零件的组合机床自动化生产线，用于加工轴类、盘环类等零件的，由通用、专门化或专用自动机床组成的自动化生产线，用于加工工序简单的小型零件的转子自动化生产线等。

　　2. 自动化生产线作用与特点

　　自动化生产线是在流水线和自动化专机的功能基础上逐渐发展形成的自动工作的机电一体化的装置系统。通过自动化输送及其他辅助装置，按照特定的生产流程，将各种自动化专机连接成一体，并通过气动、液压、电动机、传感器和电气控制系统使各部分的动作联系起来，使整个系统按照规定的程序自动工作，连续、稳定地生产出符合技术要求的特定产品。采用自动化生产具有以下特点：

　　1）产品或零件在各工位的工艺操作和辅助工作以及工位间的输送等均能自动进行，具有较高的自动化程度。

　　2）生产节奏性更为严格，产品在各加工位置的停留时间相等或成倍数。

　　3）产品对象通常是固定不变的，或在较小范围内变化，而且在改变品种时要花费许多时间进行人工调整。

　　4）全线具有统一的控制系统，普遍采用机电一体化技术。

　　3. 自动化生产线应用

　　目前，在工业生产中广泛使用各种各样的自动化生产线中，其工作原理和结构形式也是各式各样。一台上料机构的结构如图 3-1 所示，其为电动机轴生产线上的上料单元机构，主要提供电动机轴的金属毛坯棒料给一台工业机器人，给两台数控机床供料。

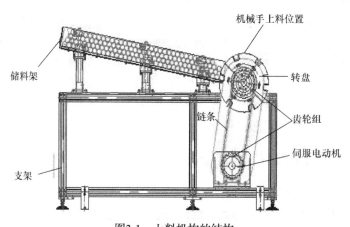

图3-1　上料机构的结构

上料机构主要由储料架、转盘、伺服电动机、齿轮组、链条和支架等主要部件构成。该上料机构主要通过人工将电动机轴的毛坯金属棒料放进倾斜的储料架中，利用重力作用滚动到转盘位置，同时通过对应上料定位位置的传感器检测是否有料。当检测到有料时，上料机构将发送棒料到位信号给机器人，通知机器人上料请求；当检测到无料时，将由机器人发送转盘使能信号，然后再发送转盘正转信号给上料机构使伺服电动机正转，从而让电动机末端齿轮和链条带动转盘正转，利用转盘上的 6 个等分凹槽工位将棒料转到上料定位位置，该处的传感器检测到棒料转到位后将有料信号传给机器人，机器人立即关闭转盘正转信号和转盘使能信号，再发送上料机构顶料气缸伸出信号将棒料进行定位，上料机构定位位置传感器检测到棒料到位后发送信号给机器人，通知机器人上料请求。

可通过调整储料架的倾斜角度以及转盘转速来提高上料机构对毛坯金属棒料的上料速度，从而达到提高生产效率的目的。

三、生产物料物流管控知识

物流是指生产经营过程中，原材料、在制品、半成品和产成品等在企业内部的实体流动。例如，在生产过程中，生产所用原材料、燃料、外购件投入生产后，经过下料、发料运送到各个加工点或储存点，以在制品的形态，从一个生产工位流向另一个生产工位，按照规定的工艺过程进行加工、储存，借助一定的方法手段，在工位内和工位间流转，一直到成品，始终体现物料实物形态的流转过程，这样就构成了企业内部物流活动的全过程。生产物流一般都具有结构复杂、物流节奏快、物流路线复杂、信息量大和实时性要求高等特点。为了适应生产现代化和绿色制造的要求，生产物流系统除了包括仓储系统、搬运系统、配送计划与实施系统、物流信息系统和物流控制系统之外，还应包括逆向物流系统。

1. 生产物流系统中的物料管理模式

在生产物流中，物料会随着时间进程不断改变自己的实物形态和工位，不是处于加工、装配状态，就是处于储存、搬运和等待状态。就管理方式而言，不同模式的生产物流系统下的物料管理方式也有所不同。

（1）TOC 物流管理模式 约束理论（Theory of Constraint，TOC），简单来讲就是关于改进和如何更好地实施这些改进的一套管理理念和管理原则，可以帮助企业识别出在实现目标的过程中存在着哪些约束，并进一步指出如何实施必要的改进来一一消除这些约束，从而更有效地实现企业目标。TOC 过程示意如图 3-2 所示。

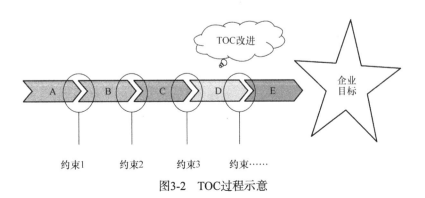

图3-2 TOC过程示意

TOC 由三部分组成，结构如图 3-3 所示。

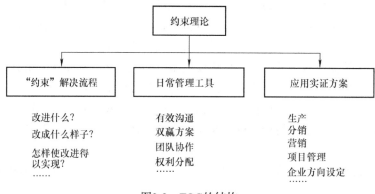

图3-3　TOC的结构

1）解决约束的流程。用来逻辑、系统地回答企业改进过程所必然提出的三个问题，即改进什么（What to change）？改成什么样子（What to change to）？以及怎样使改进得以实现（How to cause the change）？

2）日常管理工具。可用来提高管理效能，例如：如何有效沟通，如何双赢地解决冲突，如何团队协作，如何进行权利分配等。这些日常管理的顺利开展，是成功解决约束的必备条件和基础性工作。鉴于这方面的内容在其他管理理论中也多有涉及，本文不再过多展开论述，而是重点介绍 TOC 不同于其他理论的方面。

3）应用实证方案。把 TOC 应用到具体领域的具有创新性的实证方案。这些领域涉及生产、分销、营销、项目管理和企业方向的设定等。

用 TOC 分析生产计划与控制的方法是一种称为"鼓 - 缓冲器 - 绳子"的系统，简称 TOC 系统。在离散型制造情况下，运用 TOC 系统主要包括以下步骤：

① 识别企业的真正"瓶颈"所在，是控制物流的关键。

② 基于"瓶颈"，建立主生产计划。

③ 设置"缓冲器"并进行监控，以防止随机波动，使瓶颈资源不至于出现等待任务的情况。

④ 对生产物流进行平衡，使进入非瓶颈资源的物料应被瓶颈资源的产出率所控制，即"绳子"。对非瓶颈资源安排作业计划，要使之与瓶颈资源的工序同步。

在该模式下，必须按照瓶颈工序的物流量来控制瓶颈工序前道工序的物料投放量，以保持在均衡的物料流动条件下进行生产。

（2）JIT"拉动式"物流管理模式　JIT 产生于 20 世纪 70 年代，最先是由日本丰田汽车公司推行的一种生产管理制度，经过二十余年的发展，逐渐形成了包括经营理念、生产组织、物流控制、质量管理、成本控制、库存管理和现场管理在内的完整的管理技术与方法体系。JIT 制度通过看板管理，成功地制止了过量生产，实现了在必要的时候生产必要数目的产品（或成品）的生产组织模式，从而消除了制品过量以及由此导致的各种浪费。由于严格地控制了生产产量，不仅减少了库存，降低了成本，适应了需求市场的变化，而且使产生次品的原因和影响产品质量的许多问题得以充分暴露，从而使全面质量管理和均衡生产问题凸显出来。随后在美国、加拿大、西欧各国等国家也得到了广泛的应用。

JIT 制度的要点是企业生产以顾客需求（如订单）为起点，由后向前进行逐步推移来全面安排生产任务。上一生产步骤生产什么、生产多少、质量要求和交货时间只能根据下一生产步骤提出的具体要求而定。这与传统的由前向后推动的生产制度正好相反。至于材料及零部件，只有当某一步骤需要时企业才予以购进。

JIT 制度的主要目的是要消除各种没有附加价值的作业，以便更具弹性地去适应顾客订单的需求变化。JIT 制度的本质是要求企业在供产销等各个环节，尽可能实现零库存，减少厂房的占用，增加流动资金的周转量，提高生产能力，缩短产品的生产周期。企业在生产经营过程中发生的各种作业，有的可能增加产品的价值，有的不一定能增加产品的价值。例如，与存货相关的一些作业（存储、维护、分类和整理等）因质量不合格而进行的加工、改造，原材料、在产品、半成品、产成品质量上的损失，供产销各个环节、各种形式的等待和延误造成的损失等，都属于不增加价值的作业，是一种浪费。通过 JIT 制度，应尽量消除或减少此类作业，提高增加价值的作业，即通过排除工作中的无效劳动，来提高企业的劳动生产率，进而降低成本。

在 JIT 拉动式物流管理模式下，物料管理是从最终产品装配出发，由下游工序反向来拉动上游的生产和运输。每个车间和工序都是"顾客"，按当时的需要提出需求指令，前序车间和工序成为"供应商"，按"顾客"的需求指令进行生产和供应，没有需求就不能进行作业。

JIT 拉动式物流系统的最大特点是市场供需关系的工序化，它以外部市场独立需求为源点，拉动相关物料需求的生产和供应。生产系统中的上下游、前后工序之间形成供应商 - 顾客关系，下游和后工序"顾客"需要什么，上游和前工序"供应商"就"准时"提供什么，物流过程精益化。该系统适用于重复性生产，更适合生产过程中低级需求的控制和计划。

（3）ERP 系统物流管理模式　企业资源计划（Enterprise Resource Planning，ERP），是指建立在信息技术基础上，集信息技术与先进管理思想于一体，以系统化的管理思想，为企业员工及决策层提供决策手段的管理平台。它是从物料需求计划（Material Requirement Planning，MRP）发展而来的新一代集成化管理信息系统，它扩展了 MRP 的功能，其核心思想是供应链管理（Supply Chain Management，SCM）。它跳出了传统企业边界，从供应链范围去优化企业的资源，优化了现代企业的运行模式，反映了市场对企业合理调配资源的要求。它对于改善企业业务流程、提高企业核心竞争力具有显著作用。

ERP 的核心模块主要是指财务、物流、人力资源等核心模块，如图 3-4 所示。物流管理系统采用了制造业的 MRP 管理思想；FMIS 有效地实现了预算管理、业务评估、管理会计、ABC 成本归集方法等现代基本财务管理方法；人力资源管理系统在组织机构设计、岗位管理、薪酬体系以及人力资源开发等方面同样集成了先进的理念。

ERP 系统是一个在全公司范围内应用的、高度集成的系统。数据在各业务系统之间高度共享，所有源数据只需在某一个系统中输入一次，保证了数据的一致性。对公司内部

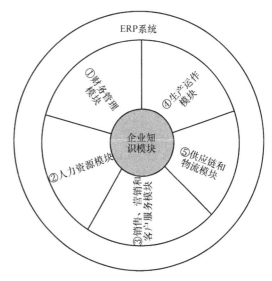

图3-4　ERP系统的核心模块

业务流程和管理过程进行了优化，主要的业务流程实现了自动化，其特点是：源头是生产计划，基础数据来源于准确的 BOM 以及采购供应计划，计划信息流同时指导并推动实物流的流转。这是一种以计划性为主的"推进式"物流管理方式，但是由于各类因素的干扰，外部需求经常波动，内部运行也时常有异常发生，各类预测也不尽准确，造成"计划变化滞后"的情况，导致各车间、工序之间的物料数量和品种都难以衔接，交货期难以如期实现。为了解决这些矛盾，通常采用快速调整计划、设置安全库存、紧急送料等措施。

综上所述，在实际生产物流中，企业必须结合自己产品和生产的特性，选择合适的管理方式。另外，有些企业也常常综合以上几种形式的优缺点，采取混合策略，如 ERP 与 JIT 相结合的管理方式。

2. 生产物料管理中的关键技术

（1）包装单元化和标准化　包装单元化和标准化是企业物流的基础工作，对于零部件的保护、后续的物流规划以及物流量的测定起到关键作用。采用合理的单元化器具，能够减少无效劳动（如倒装，在加工过程中不落地），提高劳动效率，简化现场管理，减少安全隐患。

包装单元化、标准化的规划理念主要从宏观和微观两个层面上把握。从宏观上讲，要从供应链的角度设定所有物料的尺寸链。从托盘到周转箱、专用料架都要与这个尺寸链相配合。从微观上讲，要符合包装设计的基本要求，如兼顾保护零部件和节省空间的原则，选择合适的外包装材料、内部分隔材料等。同时，包装单元的装载数量要固定，以便于现场管理，简化现场人员的统计工作量。某些工厂对于包装和线旁工位器具的管理要求较高，这样就需要将包装物也纳入工艺日常管理中，如对包装物的清理、清洗（清除油污、标签等）、修理和存放等。

（2）现代物料搬运设备与技术　搬运系统，即搬运技术和装备的选择，一定程度上决定着生产物流系统的布局和运行方式，并对生产系统的运作效率、复杂程度、投资大小和经济效果影响很大。生产物流中重要的问题就是选择合适的搬运设备。这些设备应能适应被搬运物料的性质、重量、形状、尺寸及物流量，既要使设备的固定投资少，又要达到设定的搬运需求。

搬运方式有连续搬运、间歇搬运、往返搬运几种，从路径方向分为水平、倾斜、垂直或是二维方向。其他搬运要求有台流分流、定位停止、高速搬运和积放等。同时，还要考虑搬运的对象和环境，如成形、粉体、烘干环境和清洁环境等。最后才确定搬运的方式、设备组合、规格数量。其中搬运的速度需求主要根据生产节拍来计算。

第二节　设备安装检测

培训目标

➤ 能根据现场实际情况、图样及工艺要求对机器人安装流程质量进行检测
➤ 能根据现场实际情况、图样及工艺要求对机器人外围设备质量进行检测

一、机器人安装流程质量检测方法

在厂家发货时，机器人等设备一般都需要打包处理后用包装箱运输到客户现场，经双方确

认无误后开箱将设备转移出来再进行安装。机器人安装流程质量检测一般可按照以下操作步骤进行。

1. 开箱检查

（1）开箱注意事项

1）拆包装前请先检查包装箱外表是否有破损，如果有破损，请联系运输公司并在拆包前保留追诉运输公司的证据。

2）拆包装时使用电动扳手、撬杠、羊角锤等工具，拆包过程中注意不要损坏箱内物品。

3）拆开的包装物请妥善处理，废木箱可能有钢钉等尖锐物，可能造成人身伤害。

4）将机器人与底板脱离时注意先拆开固定物，固定物可能为长自攻螺钉、钢丝缠绕、钢钉等，妥善处理拆下的小包装零件，避免造成人身伤害。

5）拆下的废塑料、包装绳等请妥善处理或回收利用。

（2）核对装箱物品清单　到货后，请仔细确认装箱内容。标准机器人的装箱单（特殊要求除外）如图 3-5 所示。其中，控制柜在一个单独的包装箱内，其余物品在本体包装箱内。标准配件的核对请参照装箱单。

中华人民共和国

装　箱　单

产品型号: GSK71-GZJG1004-A(某客户公司)

产品名称: RB08搬运机器人工装及配件

工装订单编号: 6700004435

序号	名称	规格	数量	单位	确认	备注
1	RB08工业机器人本体	\GSK71-RB08-1603002S	1	台	√	
2	RB08工业机器人控制柜	\GSK71-D1603002-RRB08S	1	个	√	
3	机器人手爪	\GSK71-GZJG1004-02-001	1	套	√	装在机器人J6轴上
4	机器人底座	\GSK71-JQRDZ-RB08-400	1	件	√	
5	围栏	\GSK71-GZJG1004-06-000	1	套	√	
6	3.5m电源线	\GSK71-GZJG1004-02-200	1	件	√	

检验员(质检部):

日　　期:　　年　月　日

装箱员(成品仓):

日　　期:　　年　月　日

图3-5　标准机器人的装箱单

2. 搬运

（1）搬运注意事项

1）对机器人的搬运，请由持有起吊操作、起重机和叉车操作等特种作业资格证的人员进行，否则有可能发生人身伤害、设备损坏等事故。

2）请确认机器人和控制柜的重量（一般记录于厂家安装手册或说明书内）后再进行对应其重量的处理。

3）起吊机器人或控制装置时，应避免过度振动、晃动和冲撞，否则对精密设备的性能会有影响，甚至机器人在搬运中会倾倒或掉下，可能造成事故。

4）搬运或安装作业时，请特别注意不要损伤配线。此外，装置装配后，请利用保护罩等措施进行保护，以免作业人员或其他人、叉式升降机等损伤配线。

5）吊起设备时，注意避免让吊环等吊装位置以外的机器人本体部分受力，避免损坏。

（2）搬运方法　出厂的机器人本体和控制柜一般已经调整到适合搬运的状态，如果机器人本体已经不是出厂姿态，请务必调整机器人的姿态，使机器人重心尽量低且尽量居中，可以防止机器人倾倒。机器人起吊搬运姿态如图 3-6 所示。

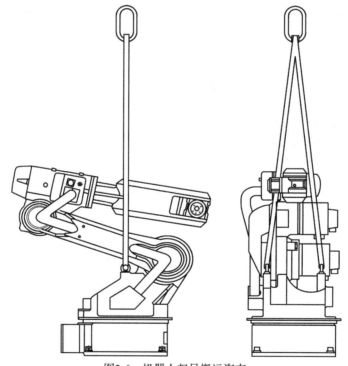

图3-6　机器人起吊搬运姿态

1）使用起重机。机器人的开箱、移动、搬运，原则上应使用起重机，通过钢丝绳、吊环螺钉起吊搬运。

2）使用叉车。使用叉车搬运时，机器人姿态如图 3-7 所示。将机器人安装在具有足够负载能力的底板上（叉车运送底板通常可由用户或厂家自行设计制作），用螺钉固定，叉车叉子插入底板，连同机器人一起搬运。

3）搬运结束后，将搬运用吊环螺钉取下，以免影响机器人的正常运动空间。由于日后搬运机器人还需要用到吊环螺钉，需要注意妥善保管。

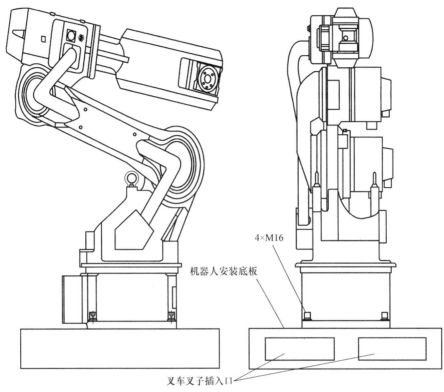

图3-7　机器人叉车搬运姿态

3. 机器人安装

（1）机器人安装注意事项

1）在机器人动作时，作业人员有碰触机器人的危险。因此，按照 GB 11291.1—2011《工业环境用机器人　安全要求　第 1 部分：机器人》有关"安全防护装置"的规定，为避免机器人运转中造成设备损坏、操作者及周围人员人身伤害，请务必设置安全栏。

2）对于经常使用的机器人，防护栏请勿采用容易跨越或可简单移动的构造。机器人要放置在即使机械臂长伸到最长，其手腕部的工具和工件的尖端点也不会碰到安全栏位置。

3）防护栏可设安全门，安全门信号可以与机器人连接，门打开时机器人停止动作。

4）控制柜建议安装在防护栏外或者外接急停按钮，方便作业人员进行紧急停止操作。

5）设置总控操作台时，其上也应设置紧急停止按钮，以便在发生异常时也能紧急停止。

6）控制柜、操作台等，请勿设置于看不见机器人主体动作之处，否则发生异常时可能因无法及时注意而造成事故，也可能因无法确认作业人员的存在而引起事故。

7）机器人本体应该可靠固定，安装前需要考虑固定方法，需要时事先设计并加工合适的底座等。

8）机器人未固定时，不能进行通电和运转。

9）选择倒挂、壁挂安装方式时，要固定在有足够强度的天花板、墙壁上，还应设置防止坠落的安全装置。

10）机器人使用 380V 三相电，由 380V 电源到机器人变压器的连线需要客户自行准备。

11）请确实进行接地工程。确保电源接地有效。

12）如果机器人所必要的作业范围比机器人所拥有的可能动作范围小的话，建议对机器人动作范围进行限制，可利用机器人软件限制，也可利用限制开关及机械制动器来实现。

（2）机器人本体安装

1）机器人本体安装基础要求为：

① 安装处混凝土地面严格按照工程标准制作，混凝土强度等级不小于C30。

② 混凝土地面平面度要求为2mm，且不得有裂纹。

③ 混凝土层厚度不小于200mm。

2）机器人本体安装时配件选用。安装机器人本体时一般不直接将本体安装于地面，而是使用机器人底座。机器人底座可以由客户自行设计，也可以向厂家联系定制。特殊情况下将机器人直接固定在地面，但不利于机器人的维修与零件更换。

3）将机器人固定在地面时建议使用化学锚栓而不是膨胀螺栓，化学锚栓比膨胀螺栓更耐振动。化学锚栓的规格选用见表3-1。

表3-1　化学锚栓的规格选用

机器人型号	使用广数底座时的化学锚栓的选用		直接将本体固定在地面时的化学锚栓选用	
RB08 系列	M16×160	4个	M16×190	4个
RB20 系列	M16×160	4个	M16×190	4个
RB50 系列	M18×200	8个	M16×200	8个

4）机器人本体安装孔尺寸。机器人的底座应通过其上四个安装孔用M16内六角螺钉（推荐长度为45mm）牢固地固定在机器人安装底板上，为使内六角螺钉和地脚螺栓在设备运行中不发生松动，请按图3-8所示的方法充分固定。机器人本体安装孔尺寸应方便客户设计底座或直接固定。各型号机器人底座安装尺寸如图3-9所示。

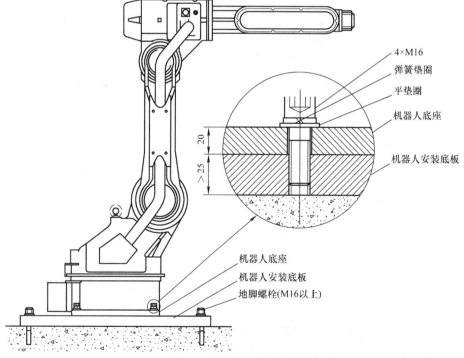

图3-8　机器人地面安装固定方法

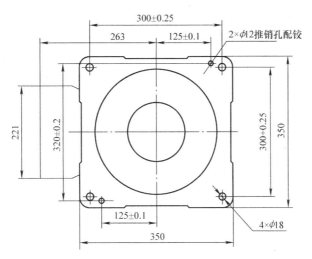

图3-9　各型号机器人底座安装尺寸

二、机器人外围设备质量检测方法

在工业生产中，大量机器人已被应用在码垛／搬运、焊接、喷涂／涂胶、抛光／打磨／去毛刺、激光切割、分拣等作业中。因此，在不同行业应用中机器人所配套的外围设备有所不同。在本节中只列举个别案例进行研究分析。

1.外围设备的精度、性能检测

在众多机器人应用当中，数控机床配套机器人搬运上下料是一个比较典型的应用案例，如图 3-10 所示。在该机器人工作站中，对外围设备数控机床的精度、性能进行研究分析。

图3-10　数控机床配套机器人

根据机床出厂合格证上规定的验收标准及用户实际能提供的检测手段，测定机床合格证上各项指标。将检测结果作为该机床的原始资料存入技术档案中，作为今后维修时的技术指标依据。现场检测工作分以下几步：

（1）开箱检验

1）检验项目包括：装箱单；核对应有的随机操作、维修说明书，图样资料，合格证等技术文件；按合同规定，对照装箱单清点附件、备件、工具的数量、规格及完好情况；检查主机控制柜、操作台等有无碰撞损伤、变形、锈蚀等。

2）开箱检验，如果发现有短缺件，型号规格不符或设备已遭受碰撞损伤、变形、受潮、锈蚀等严重影响质量的情况，应及时向有关负责人反映、查询、取证或索赔。

（2）外观检查　外观检查包括机床外观和数控柜外观检查。外观检查是指不用仪器只用眼观察就可以进行的各种检查，如机床外表漆有无脱落，各防护罩是否齐全完好，工作台有无磕碰划伤等。

（3）机床性能及数控功能的验收　机床性能主要包括主轴系统性能，进给系统性能，自动换刀系统、电气装置、安全装置、润滑装置、气液装置及附属装置等性能。检查主要通过"耳闻目睹"和试运转，检查各运动部件及辅助装置在起动、停止和运行中有无异常现象及噪声，润滑系统、冷却系统以及各装置是否正常。检查安全装置是否齐全可靠，如各运动轴超程自动保护功能、电流过载保护功能、主轴电动机过热过负荷自动停机功能、欠压过压保护功能等。

1）数控机床精度的验收。数控机床精度的验收必须在安装地基完全干后，按照 GB/T 17421.1—1998《机床检验通则　第1部分：在无负荷或精加工条件下机床的几何精度》等有关标准安装调试好后进行。精度检测的内容主要包括几何精度、位置精度和工作精度的检测。

几何精度的检测必须在机床精调后一次完成，不允许调整一项检测一项。位置精度的检测一般要依据相应的精度验收标准进行，不同标准对位置精度的检测，不仅反映了机床的几何精度的性能要求，还包括了试件的材料、环境温度、刀具性能以及切削条件等因素造成的误差。

2）外围设备的布局检测。传统上将设备布局分为产品原则布置、工艺原则布置和定位布置三种基本类型。产品原则布置适合于大批量的重复性加工，工艺原则布置适合于间歇加工，定位布置适合于不易移动或有特殊要求的加工方式。

产品原则布置如图 3-11 所示，旨在使大量产品快速通过制造系统。在标准化较高的产品加工中，如电子工业、汽车工业等，使用这一布置方式。它们使用重复性的加工方式，工作被分解为一系列标准化的作业，由专门的人力和机器完成。系统仅涉及一种

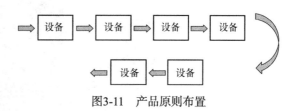

图3-11　产品原则布置

或少数几种相似的加工对象，由于加工对象按照同样的加工顺序，所以可以使用固定路线的物料运输设备，从而使加工过程形成一种流的工作方式。在制造业中，这种工作方式称为生产线或装配线。生产线上的工作单元紧密地连接在一起，这种布置方式使得人力和机器得到充分利用，降低了设备费用，同时加工对象的移动很快，使得在制品数量极少。生产线的常用布置方式除了直线形外，还有 U 形、S 形等，便于工人操作和减少物料运输量。

工艺原则布置如图 3-12 所示，用于加工涉及较多工艺要求的产品。这类布置以完成相似活动的加工单元为特征，将同一加工类型的机器布置在一起，需要这些操作的加工对象按各自加

工顺序依次流经各个加工单元，不同产品代表着完全不同的加工工艺要求和操作顺序。这种布置方式通常适用于多品种小批量的加工方式，它增加了加工过程中的物流。

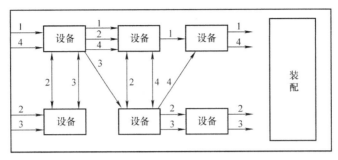

图3-12　工艺原则布置

定位布置如图 3-13 所示，加工对象保持不动，而工人、材料和设备移动，通常用于重量、体积较大的加工对象。这种布置方式中物料和设备的移动控制更为重要。

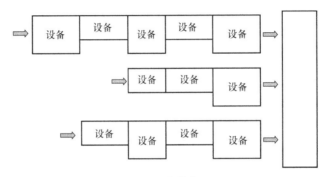

图3-13　定位布置

这三种布置方式只是概念上的分类，不是绝对的划分，在现实中也有很多混合布置的实例。例如，生产线上线外返工零件的加工设备放置就涉及混合放置。工艺原则和产品原则代表小批量加工和大批量生产的两端，工艺原则具有比产品原则更大的柔性，产品原则比工艺原则更高效。随着加工方式的改变，现代布置方式研究中的理想系统应当具有柔性、高效、单位生产耗费低的特点，单元制造、成组技术和柔性制造系统的使用带来的单元布置技术正是现代布置研究中的主要方式。

单元布置是在单元制造中将机器依据零件加工工艺分组，形成一个制造单元，每个单元对应一组工艺相似的零件的加工。每个单元内部设备的布置其实是产品原则布置的缩影。在单元内部可能是由传送装置连接的流水线方式，或者其他类型的传送装置按加工顺序连接的设备。成组技术（Group Technology，GT）是单元制造的基础，它将零件按工艺特征分组。同时，在加工单元中使用柔性制造系统（Flexible Manufacture System，FMS）可以提高系统的效率和加工柔性。单元布置方式在一定程度上是基本布置类型的混合体，也是车间加工过程中涉及的主要布置类型。

在设计具体设备布局时，需要根据客户需求以及现场实际情况进行，现场安装调试人员需根据设计的布局图样进行设备布局安装并检测，见表 3-2。

表 3-2　外围设备、设施布局和安全通道检查表

序号	检查要点	检查准则	检查方法
1	外围设备设施布局	（1）外围设备、设施布局（以活动机件达到的最长范围计算），小型设备应不小于0.7m，中型设备应不小于1m，大型设备（运输线视同）不小于2m	检查设备、设施布局分布图或汇总表，确定抽查的设备、设施
		（2）加工设备与墙、柱间距（以活动机件达到的最长范围计算），小型设备应不小于0.7m，中型设备应不小于0.8m，大型设备应不小于0.9m	对抽查的每一台设备、设施测量其设备间距，与墙、柱间距和作业空间，审查间距是否合格
		（3）对于作业空间（设备间距除外），小型设备应不小于0.6m，中型设备应不小于0.8m，大型设备应不小于1.1m	工位器具、原材料、工作台、工具柜或其他物体堆放在设备附近，间距以设备与它们的最短距离计算
		（4）高于2m的空中运输线应有牢固的防护罩（网）	空中运输线有无防护罩（网），安装是否牢靠
		（5）设备间距合格率应为100%	因工位器具、原材料、工作台、工具柜或其他物体堆放而影响到作业空间视为该设备不合格
2	安全通道	（1）安全通道应以醒目的划线界定	检查安全通道分布图或汇总表
		（2）安全通道的人行道宽应不小于1m，车行道宽应不小于1.8m	检查工厂生产车间安全通道的宽度，以划线中心线为基准
		（3）通道不得有1处以上（含1处）被堵塞或占道超过道路宽度的1/3。两条通道的交叉路口堆放物品不得超过通道宽度的1/3	抽查生产车间安全通道，并测量、统计占道长度，计算占道率
		（4）通道不得有3处以上（含3处）被占，车间通道占道不得超过总长度的5%	抽查车间安全通道被占情况，并计算通道总长度，通道划线不清楚的视为占道
3	工位器具、工件、材料摆放	（1）作业场所的原材料、半成品、成品、废品及工具柜应进行定置管理，并且摆放整齐、平稳可靠	作业场所是否有原材料、半成品、成品、废品及工具柜等物品摆放的定置图，各种物品是否按定置图摆放整齐、平稳可靠
		（2）各类工位器具，专用工、模、夹具存放应牢固可靠，符合安全要求	工作场所只能存放工艺规定使用的工位器具。工、模、夹具是否在划定的区域内摆放整齐，较大的是否支承稳妥，便于吊装
		（3）产品、坯料等应限量存放，不得妨碍操作	材料、产品、坯料的存放量要求，小件不超过班产量，大件生产完毕后应及时运走
		（4）工件、材料等应堆放整齐，平稳可靠，高度不得超过2m	工件、材料等物品的堆放宽度与高度之比应小于1:2，并有防滑、防倒措施
		（5）工作场所的工位器具、工件、材料等摆放合格率为100%	直观检查工作场所的工位器具、工件、材料等摆放是否符合评价要求

第三节　生产线运行质量保证

培训目标

➤ 能对加工前工件或原材料规格进行检查

➤ 能根据图样对加工后的工件进行质量检查

➤ 能根据产品质量数据调整机器人系统运行状态，改善产品质量、提高生产效率

➤ 能分析机器人与其他设备协同工作时可能存在的问题，并提出改进意见

➤ 能分析生产线故障的原因，并能处理机器人与其他设备配合的故障

一、原材料检测方法

材料检测是对原材料的成分分析、测量、无损伤检测和环境模拟测试等，在企业生产中，原材料检测一般是对生产物料及部分辅助物料的符合性、适用性进行初步验证，使采购物资能初步符合使用效果。如五金配件、易燃化危品、工具、切削刀具、机电维修配件、模夹具材料、办公用具和厂房维修物料等，以及用于产品的部分辅助物料、低值易耗物料。企业往往通过来料检验作业指导书等多种形式来规范进料检验作业流程，指导检验员对物料进行正确检验，协助采购对供应商进行品质管理以保证来料品质。

（1）IQC 常规检验　在企业管控过程中，来料质量控制（Inwming Quality Control，IQC）工作一般由仓管员和品管部质检员来完成，工作程序一般包含以下内容：

1）对照送货单与实物的数量是否一致，包装、标识与采购单要求是否相符。

2）将来料放置到指定区域（待检区）并填写相应送检单，及时通知品管部进行检验。

3）所有检验人员必须经过培训，考核合格后才能进行独立检验工作。

4）检验所使用的量具、仪器必须经过校准并在校准有效期内。

5）检验员依据来料检验作业指导书、物料规格书、图样和样品等相关资料进行检验。

6）外观检验参照五金件、塑胶件外观检验标准。

7）检验结果须记录于进料检验报告中，若进料检验结果为拒收，同时填写品质异常报告，经品质主管确认后将品质异常报告交由相关人员分析评审并制订处理方案。

（2）抽样检验标准及检验水平

1）抽样依据 GB/T 2828.1—2012《计数抽样检验程序　第 1 部分：按接收质量限（AQL）检索的逐批检验抽样计划》进行。

2）抽样依据分散抽取的原则，如果同一批次有多个生产日期的，则每个生产日期相应的抽取部分产品作为检验样本。

（3）特殊检验

1）对库存超过一年的易变异物料，在发料前应交由 IQC 重新确认。

2）因生产紧急而来不及检验的物料，经生产计划部提交申请，相关部门主管批准后可直接入库，检验员应做好直接入库的相关记录。

3）物料状态按标识和可溯性控制程序进行标识。

4）检验不合格品按不合格品控制程序处理。

5）进料检验报告和品质异常报告按记录控制程序文件要求填写和保存。

二、生产半成品件或成品件检测方法

在工业生产制造中，机械产品是由若干个零部件装配组成的整体。按规定的技术要求将零部件做适当的配合和连接，使之成为半成品或成品的工艺过程称为装配。装配过程的质量对一个产品的质量起着决定性的作用，即使零件的质量是合格的，但由于装配质量不合格，制造出来的产品的质量也不合格。为了确保制造出来的产品质量，装配过程中的质量检验工作是非常重要的，是整个制造过程的一个重要环节。

制造业产品种类繁多，结构不同，所以装配过程不同，装配工艺也不同，检验内容和检验方法也不完全相同。以工业机器人装配过程和成品的质量检验为例，介绍现代制造业产品装配过程和成品的一般检验方法。对每种具体的产品，要根据其装配工艺流程和产品特点编制检验工艺。

RB08 工业机器人本体装配工艺流程如图 3-14 所示。

图3-14　RB08工业机器人本体装配工艺流程图

从图 3-14 所示的安装流程中，可把其划分为三个装配步骤，即工业机器人箱体、小臂及手腕部件装配，工业机器人线缆制作及连接，工业机器人总装装配。因此，机器人产品的检测根据装配流程可分为半成品检测以及成品检测。

1. 部装半成品检测

将合格的零件按工艺规程装配成部件的工艺过程称为部装。部装检验的依据包括标准、图样和工艺文件。为了检验方便，便于记录和存档，必须设立部装检验记录单。

（1）零件外观和场地的检验

1）在部装之前，要对零件的外观质量和场地进行检查，做到不合格的零件不准装配，场地不符合要求不准装配。

2）零件加工表面无损伤、锈蚀、划痕。

3）零件非加工表面的油漆膜无划伤、破损，色泽要符合要求。

4）零件表面无油垢，装配时要擦洗干净。

5）零件不得碰撞。

6）零件出库时要检查其合格证、质量标志或证明文件，确认其质量合格后，方准进入装配线。

7）中、小件转入装配场地时不得落地（要放在工位器具内）。

8）大件吊进装配场地时需检查放置地基的位置，防止变形。

9）大件质量（配件）处理记录。

10）重要焊接零件的 X 光透视质量记录单。

11）装配场地需恒温、恒湿，当温度和湿度未达到规定要求不准装配。

12）场地要清洁，无不需要的工具和其他多余物，装配场地要进行定置管理。

（2）装配过程的检查　检验人员要按检验依据，采用巡回方法，监督检查每个装配工位；监督检查工人遵守装配工艺规程；检查有无错装和漏装的零件。装配完毕后，要按规定对产品进行全面检查，做完整的记录备查。

2. 总装的检验

把零件和部件按工艺规程装配成最终产品的工艺过程称为总装。

（1）检验依据　产品图样、装配工艺规程以及产品标准。

（2）检验内容　总装过程的检查方法与部装过程的检查方法一样，采用巡回方法监督检查每个装配工位；监督工人遵守装配工艺规程，检查有无错装漏装等。

1）装配场地必须保持环境清洁，要求恒温、恒湿的一定要达到规定要求才准装配，光线要充足，通道要畅通。

2）总装的零部件（包括外购件、外协件）必须符合图样、标准、工艺文件要求，不准装入图样未规定的垫片和套等多余物。

3）装配后的螺栓、螺钉头部和螺母的端部（面），应与被紧固的零件平面均匀接触，不应倾斜和留有间隙，装配在同一部位的螺钉长度一般应一致；紧固的螺钉、螺栓和螺母不应有松动现象，影响精度的螺钉紧固力矩应一致。

4）在螺母紧固后，各种止动垫圈应达到制动要求。根据结构的需要可采用在螺纹部分涂低强度防松胶代替止动垫圈。

5）机械转动和移动部件装配后，运动应平稳、轻便、灵活和无阻滞现象，定位件应保证准确牢靠。

6）有扭力安装要求的电动机和减速器，其安装应符合扭力标准规定。

7）高速旋转的减速器组件在总装时应注意动平衡精度（其精度值由设计规定）以及密封

要求。

8）采用带传动的机械，其松紧度应符合设计要求。在安装后应检查其运动的松紧度。

9）伺服驱动系统的装配应符合标准规定。

10）两配合件的接合面必须检查其配合接触质量。若两配合件的接合面均是刮研面，则用涂色法检验，刮研点应均匀，点数应符合规定要求。若两配合件接合面一个是刮研面，一个是机械加工面，则用机械加工面检验刮研面的接触情况，那么25mm×25mm面积内（不准超过两处）的最低点数，不得少于所采用标准规定点数的50%。静压导轨油腔封油边的接触点数不得少于所采用标准规定的点数。若两配合件的接合面均是用机械切削而成的，则用涂色法检验接触斑点，检验方法应按标准规定进行。

11）重要固定接合面和特别重要固定接合面应紧密贴合。重要固定接合面经过紧固后，用塞尺检查其间隙不得超过标准规定。特别重要固定接合面，除用涂色法检验外，在紧固前、后均应用塞尺检查间隙量，其量值应符合标准规定。与水平面垂直的特别重要固定接合面，可在紧固后检验。用塞尺检查时，应允许局部（最多两处）插入，其深度应符合标准规定。

12）轴承装配的检验。对可调的滑动轴承结构应检验调整余量是否符合标准规定；对滚动轴承的结构应检验位置保持正确，受力均匀，无损伤现象；精密度较高的机械应采用冷装的方法进行装配或用加热方法进行装配，对过盈配合的轴承，应检验加热是否均匀，同时检验轴承的清洁度和滑动轴承的飞边锐角，对用润滑脂的轴承应检查其润滑脂的标准号、牌号和用量。如果使用无品牌标志及标准号的润滑脂，必须送化验室进行化验，其理化指标应符合规定要求。

13）齿轮装配的检验。齿轮与轴的配合间隙和过盈量应符合标准及图样的规定要求；两啮合齿轮的错位量不允许超过标准的规定；装配后的齿轮转动时，啮合斑点和噪声声压级应符合标准规定。

14）检验两配合件的错位不匀称量应按两配合件大小进行检查，其允许值应符合标准的规定要求。

15）电器装配的检查。各种电器元件的规格和性能匹配应符标准规定，必须检查电线的颜色和装配的牢固性并应符合标准规定。

16）一个产品经过总装检验合格后，要将检验最后确认的结果填写在"总装检验记录单"上，并在规定位置打上标志才可转入下序。"总装检验记录单"要汇总成册、存档，作为质量追踪和质量服务的依据。

3. 成品的检验

成品的检验是一个产品从原材料入厂开始，经过加工、部装、总装，直到成品出厂的全过程中最后一道综合性检验，通过对产品的性能、几何精度、安全卫生、防护保险和外观质量等项目的全面检测和试验，根据检测试验结果综合评定被检验产品的质量等级的过程。

产品经检验合格后才准出厂，在特殊情况下，经用户同意或应用户要求，可在用户处进行检验。产品的检验分为型式检验和出厂检验两种。

（1）型式检验和出厂检验的目的　型式检验是为了全面考核产品的质量；考核产品设计及制造能否满足用户要求；检查产品是否符合有关标准和技术文件的规定；试验检查产品的可靠性；评价产品在制造业中所占的技术含量和水平。凡遇下列情况之一，均应进行型式检验：

1）新产品定型鉴定时。

2）产品结构和性能有较大改变时。

3）定期考查产品质量。

4）产品在用户使用中出现了严重的性能不可靠事故。

5）正常生产的产品出厂检验是为了检验产品是否符合图样、标准和技术文件的规定。

（2）成品检验的内容

1）一般要求如下：

① 成品检验时，注意防止冷、热、强电和热辐射的干扰。

② 在检验过程中，产品应防止受环境变化的影响，有恒温、恒湿要求的产品，应在规定条件下进行检验，检具在使用前应等温。

③ 检验前，应将产品安装和调整好，确保牢固安装在测试台上，使产品处于水平位置。

④ 在检验过程中不应调整影响产品性能、精度的机构和零件，否则应复检因调整受到影响的有关项目。

⑤ 检验时，应按整机进行，不应拆卸，但对运转性能和精度无影响的零部件和附件除外。

⑥ 因产品结构限制或不具备规定的测试工具时，可用与标准规定同等效果的方法代替。

⑦ 对于具备自动化或智能化的产品，按照技术标准以及规程进行相应测试运行。

2）外观质量的检验。

① 产品外观不应有图样未规定的凸起、凹陷、毛刺和其他损伤，颜色应符合图样要求。

② 防护罩应平整均匀，不应翘曲、凹陷。

③ 零、部件外露接合面的边缘应整齐、均匀，不应有明显的错位，其错位量及不均匀量不得超过规定要求。

④ 控制柜和电气箱等的门、盖周边与其相关件应均匀，其缝隙不均匀值不得超过规定要求。当配合面边缘及门、盖边长尺寸的长、宽不一致时，可按长边尺寸确定允许值。

⑤ 外露零件表面不应有磕碰、锈蚀，螺钉、铆钉和销端部不得有扭伤、锤伤、划痕等缺陷。

⑥ 末端连接法兰和抓手夹具等金属部件应有防锈镀层或防锈处理。

⑦ 镀件、发蓝件、发黑件色调应一致，防护层不得有褪色和脱落现象。

⑧ 示教盒线缆、重载线缆等外露部分，应注意保护，不可严重扭曲、折叠。

3）参数的检验。根据产品的设计参数检验其制造过程能否达到要求，以及检验连接部位尺寸是否符合相应的产品标准规定。该项检验除在样机鉴定或做型式试验时进行外，平时生产允许抽查检验。设计部门对产品的总重量、外观（形）尺寸应定期抽验。

4）空运转试验。空运转试验是在无负荷状态下运转产品，检验各机构的运转状态、刚度变化、功率消耗，各轴动作的灵活性、平稳性、可靠性和安全性。试验时产品应从最低速度起依次运转，每级速度的运转时间按规定要求进行。在最高速度时，应运转足够的时间，使各轴电动机、减速器达到稳定温度。

5）温升试验。在各轴达到稳定温度时，检验各轴电动机的温度和温升，其值均不得超过相应的标准规定，在达到稳定温度后应做下列检验：

① 各轴电动机的温升变化。

② 各轴及密封部位不应有漏油或渗油。

③ 检查产品的各油漆面的变形、变化、变质等不良现象。

6）各轴运动和档位运动的检验。检验各轴运动速度和运动方向的正确性，在所有档位速度下，产品的工作机构均应运转平稳、可靠。

7）动作试验。产品的动作试验一般包括以下内容：

① 用一个适当的速度检验机器人的起动、暂停、停止和急停等动作是否灵活可靠。

② 检验夹具工装（如抓手夹具）的调整和动作是否灵活、可靠。

③ 反复变换机器人运动的速度，检查其各关节运动是否灵活、可靠以及指示标牌的准确性。

④ 检验机器人硬限位机构、软限位设置、安全防护装置和其他附属装置是否灵活、准确、可靠。

⑤ 检查机器人转位、定位动作是否灵活、准确、可靠。

⑥ 产品连接的随机附件（如上下料工装、辅助工装、总控台等）应在该产品上试运转，检查其相互关系是否符合设计要求。还应按有关标准和技术条件进行动作和机能试验。

⑦ 检验示教盒等操作机构是否灵活、准确、可靠。

⑧ 检验有刻度装置的各轴机械绝对零点位置，应符合相应标准的规定。

8）噪声检验。各类产品应按相应的噪声测量标准所规定的方法测量成品噪声的声压级，测量结果不得超过标准的规定。

9）空运转功率检验。在产品各级速度空运转至功率稳定后，检查系统的空运转功率。

10）电气、液压系统的检验。电气全部耐压试验必须按有关标准规定进行，确保整个产品的安全。液压系统对高、低压力应全面检查，防止系统的内漏或外漏。

11）测量装置检验。成品和附件的测量装置应准确、稳定、可靠，便于观察、操作，视场清晰，有密封要求处，应设有可靠的密封防护装置。

12）整机连续空运转试验。对机器人进行连续空运转试验，整个空运转过程中不应发生故障。连续运转时间应符合有关标准规定。试验时自动循环应包括所有功能和全工作范围，各次自动循环休止时间不得超过设计规定的最大值。

（3）出厂前的检验　产品在出厂前要按包装标准和技术协议的要求进行包装，一般还需进行下列检验：

1）涂漆后包装前进行商品质量检验。检验商品的感观质量，外部零部件整齐无损伤、无锈蚀，具体包括：

① 各零部件上的螺钉及其紧固件等应紧固，不应有松动现象。

② 各表面不应存在锐角、飞边、毛刺、残漆和污物等。

③ 各种铭牌、指示标牌、标志应符合设计和文件的规定要求。

2）包装质量应检查以下内容：

① 各导轨面和已加工的零件的外露表面应涂以防锈油。

② 随机附件和工具的规格数量应符合设计规定。

③ 随机文件应符合有关标准的规定，内容应正确、完整、统一且清晰。

④ 凡油封的部位还应用专用油纸封严。随机工具也应采取防锈措施。

⑤ 包装箱材料的质量、规格应符合有关标准的规定。

⑥ 包装箱外的标志字迹清楚、正确，符合设计文件和有关标准的要求。出口商品要特别注意检查包装箱上的唛头的正确性。

⑦ 必要时开机检验某些项目，特别是仓储时间较长的机电产品。

三、千分表、电子测量器（ETM）等工具的使用方法

1. 千分表的使用说明

百分表和千分表都是用来校正零件或夹具的安装位置，检验零件的形状精度或相互位置精度的仪器。它们的结构原理相似，千分表的读数精度比较高，即千分表的读数值为 0.001mm，而百分表的读数值为 0.01mm。一般企业、工厂里经常使用的是百分表，而工业机器人由于精密部件安装装配要求比较高，所以千分表比较常用。因此，本节主要介绍千分表。

（1）千分表的结构　千分表结构如图 3-15 所示。

（2）千分表的特点　千分表的分度值为 0.001mm，因其比百分表的放大比更大，分度值更小，测量的精确度更高，适用于较高精度要求的测量。其测量范围为 0~1mm。

千分表受到振动后测量杆不易恢复到原始位置，可能会影响检测数据的真实性，因此在振动较小的情况下使用较好。

（3）千分表的使用方法

1）使用前的准备工作。千分表使用前必须做好以下准备工作，若有任何一条不能满足条件，都应该及时修正或更换测量工具。

① 检验千分表的灵敏程度。

② 左手托住表的后部，使表盘向前，

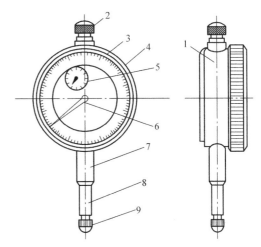

图3-15　千分表结构
1—表壳　2—防尘帽　3—表盘　4—表圈
5—转数指示盘　6—指针　7—套筒　8—量杆　9—测头

用眼观看，右手拇指轻推表的测头，试验测量杆移动是否灵活。

③ 检验千分表的准确程度，包括检查表的稳定性，即反复多次提落防尘帽，使表针读数稳定；校对"0"位，即旋转千分表的表圈，使表盘的"0"位对准主指针；检验表的准确程度，即用手指反复轻推表的测头，检查指针是否能回到"0"位，若不能回到"0"位，表明千分表有质量问题，应更换测量工具；检查测头的可靠性，即左手握住表体，用右手转动测头，检查测头与量杆的连接部位是否松动，若有松动，应立即拧紧，以防测量过程中测头脱出；检查表架各部分的功能，即检查表架上的两个连接螺母是否能够拧紧，磁力表座上的锁紧开关工作是否正常、可靠；将锁紧开关打到"ON"档，检查表架位置是否固定；将锁紧开关打到"OFF"档，检查表架位置是否可以挪动。

2）千分表的装卡。

① 装表。把千分表装在表架上，所夹持部位应尽量靠近套筒根部（注意不可影响表圈的旋转）。

② 拧紧。拧紧表架上的连接螺母，但注意不可拧得过紧（后面的测量过程可能会继续调节表架杆的长度和角度）。

③ 测量。测头与被测要素垂直接触，调整表架杆的长度和角度，使千分表的测头与被测要素垂直接触，并使指针有 0.03~0.06mm 的压缩量。

　　注意，千分表的测头应始终保持与被测要素垂直接触，才能实现准确测量，否则测量数据不准确。

　　当测量平面时，应使表的量杆轴线（或测头）与所测表面垂直，如图 3-16a 所示。禁止出现图 3-16b 所示的做法。

　　当测量圆柱面时，量杆轴线（或测头）应通过工件中心并与母线垂直，如图 3-17a 所示。禁止出现图 3-17b 所示的做法。

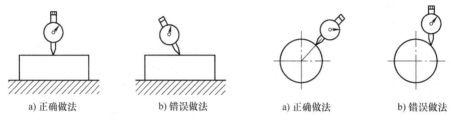

|　　　a) 正确做法　　　　　b) 错误做法　　　　　　　a) 正确做法　　　　　b) 错误做法|

　　　　图3-16　千分表测量平面示意　　　　　　　　图3-17　测量圆柱面的方法

　　3）读数。

　　① 主指针的含义。分度值为 0.001mm 的千分表主指针每转一格为 0.001mm。

　　② 转数指针的含义。转数指针走一格，主指针转一圈，为 0.2mm，从转数指针走的格数可以读出测量过程中主指针转的圈数。

　　③ 读数。视线垂直于表盘，从表盘正面读出测量过程中转数指针和主指针的始末位置，用末位置读数减去起始位置读数，即可得到测量值。读数时，如果针位停在刻线之间，可以估读，如主指针可以估读到小数点后第四位。

　　（4）千分表的使用注意事项

　　1）不能测量表面粗糙的毛坯工件或凹凸变化量很大的工件，以防损坏表的零件。

　　2）测量前应检查测头，防止测头松动。

　　3）测量时，测量杆的移动不宜过大，更不允许超量程使用，以免损坏表的零件或影响精度。

　　4）测量时，应使测头与被测要素垂直接触，以防读数不准确。

　　5）测量过程中，应尽可能避免使表架杆悬伸过长，以防把表架杆的长度变形误差引入被测误差值中。

　　6）读数时坚持"垂直观察、正面读数"的原则，避免读数误差。

　　7）测量结束时，避免快速撤回千分表，以防主指针快速返回的惯性太大造成指针弯曲。

　　8）禁止碰、敲、摔或磕千分表，以防表的零件损坏或指针弯曲。

　　（5）分表的维护和保养

　　1）使用及保管过程中应轻拿轻放，严禁磕碰。

　　2）不得使灰尘、油污或其他液体等进入千分表内，否则影响使用精度和寿命。

　　3）不许将千分表浸放在冷却液或其他液体中使用。

　　4）不得随意拆卸千分表。

　　5）千分表在使用后，要擦净装盒，不能任意涂擦油类，以防沾上灰尘影响灵活性。

　　6）应对其精度进行定期检定。

2. 电子测量器的使用说明

电子测量泛指以电子技术为基本手段的一种测量技术，它是测量学和电子学相互结合的产物，充分运用电子科学的原理、方法、设备对各种电量、电信号、电路元器件的参数和特性进行测量。随着电子技术的发展，由于电子测量技术有着许多优点，对许多非电量的测量也可以通过传感器将其转换成电信号，再利用电子技术进行测量。例如，高温炉中的温度、深海的压力等许多人们不能亲身到的地方或无法直接测量的量，都可以通过这种方式进行测量。电子测量除了对电参数进行稳态测量以外，还可以对自动控制系统的过渡过程及频率特性进行动态测量。电子测量示意如图3-18所示。

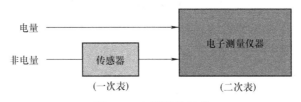

图3-18 电子测量示意

（1）电子测量的内容和特点 通常人们将电参数测量分为两种，即电磁测量和电子测量。电子测量的内容分为对电量和非电量的测量，对电量的测量包括对电能量、电信号特性、电路元件参数和电子设备的性能的测量，其中对频率、时间、电压、相位和阻抗等基本参数的测量尤为重要。

电子测量的特点有测量频率范围宽，测量量程宽，测量准确度高低相差悬殊，测量速度快，可以进行遥测，易于实现测试的智能化和自动化，同时其影响因素众多，误差处理复杂。

（2）电子测量仪器的功能 电子测量仪器就是利用电子技术实现测量的仪表设备，主要包括以下功能：

1）转换功能：电量（功率、电流、电阻）→电压；非电量→电量（电压）。

2）信号处理与传输功能：信号调理、模 - 数、抗干扰、压缩、有线或无线传输。

3）显示功能：数码管、液晶或阴极射线管显示测量结果。此外，一些先进的仪器，如智能仪器等，还具有数据记录、处理及自检、自校、报警提示等功能。

图3-19 直接测量法

对一个物理量可以用不同方法进行测量，但是结果与理想值会因为测量方法的不同而呈现不同的误差，因此，选取合适的测量方法直接关系到测量结果的可信赖度以及测量工作的可行性和经济性。

（3）电子测量的方法有

1）直接测量：在仪器上直接获得测量结果并进行读数，称为直接测量，如图3-19所示，用万用表测量电阻值。

2）间接测量：在这种测量中，是测量一个与被测量有着某种函数关系的量，再利用函数关系计算出被测量。例如，测量放大电路的集电极电流时，可以测量发射极上电阻的电压，再通过部分电路的欧姆定律计算出集电极电流，如图3-20所示。

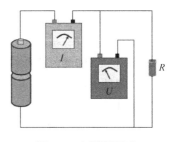

图3-20 间接测量法

3）组合测量：在测量中被测量值不能一次得出结果，需要通过测量几个未知量，然后通过被测量与这几个未知量之间的方程组求解，得到被测量的结果。

例如，已知测量电阻器阻值 R_t 与温度 t 之间满足：$R_t = R_{20} + \alpha(t+20) + \beta(t-20)^2$

式中 R_{20} 为 $t=20℃$ 时的电阻值，一般为已知量；α 和 β 称为电阻的温度系数；t 为环境温度。那么，通过测量不同环境温度下的电阻值来组合成方程组，从而利用方程组求解解出 α 和 β 的测量结果。

第四节　生产线和生产计划调整

培训目标

➤ 能根据工厂生产计划调整产品生产数量和进度顺序
➤ 能根据实际生产需求调整生产工艺和工装

一、工厂生产计划管理知识

1. 生产计划管理的概念

（1）生产计划　生产计划是指在可以利用的资源条件下，工厂或者企业在一定时间范围内，生产了多少产量的何种产品。生产计划的本质是保证生产达到核心目标，即合理运作四大模式——运作协同模式、计划协同模式、部件协同模式、工序协同模式，控制四大因素（人员、机器、物料和方法），完成五大指标（交期、品质、成本、安全和士气），最终达到"按时交货，顾客满意"的核心目标。

（2）生产计划管理　生产管理是指利用有计划的生产方式控制工厂的生产管理流程。

狭义上讲，凡是在产品的基本生产过程中，对产品进行的管理都可以称为工厂生产计划管理，包括生产过程组织、生产能力核定、生产计划与生产作业计划的制订、执行以及生产调度工作。

广义上讲，工厂生产计划管理则是指以工厂的生产系统作为对象，包括所有与产品制造密切相关的各个方面的工作管理，也就是从原材料、设备、人力和资金等的输入开始，经过生产转换系统，直到产品输出位置的一系列管理工作。

2. 生产计划管理的作用

生产计划管理既是生产部门的工具，也是联系生产与市场销售的桥梁。通过生产计划管理，使得生产计划和能力计划符合销售计划要求，并适应市场需求的变化，同时，又能够向销售部门提供当前的生产与库存信息，销售量信息。

3. 生产计划

（1）生产计划六步法　生产计划六步法是指预测、协调、制订、落实、监测和优化，如图 3-21 所示。

图3-21　生产计划六步法

1）第一步：预测，即生产预测，是指对不同的产品，做好总体生产预测和日常订单预测，将这些预测作为生产计划的起点。

2）第二步：协调，即统筹发展，是指根据预测，统筹安排，协调生产、采购、研发等生产准备工作。

3）第三步：制订，即下达命令，是指根据流程编排计划，确定日程，可通过联席会形式协调、决策。

4）第四步：落实，即执行调整，是指协调解决计划执行中的异常，处理插单等特殊情况。

5）第五步：监测，即统计分析，是指统计分析生产计划的完成情况。

6）第六步：优化，即持续改进，是指针对计划执行中的问题，采取纠正和预防措施。

（2）生产计划需要满足的条件　一个生产计划要想保证一个工厂的合理运行，就必须具备四个基本条件。

1）必须是在有能力基础上的生产计划。

2）计划的粗细必须要符合生产的内容。

3）计划的下达必须在必要的时期。

4）计划应该综合考虑各个有关因素的作用。

（3）不同生产类型的计划特点

1）大批量生产类型生产计划的特点是：

① 产量较大、经常生产的主导产品可在全年内均衡安排或者根据订购合同安排。

② 产量少的产品尽可能集中安排在一起生产，合理减少各个周期生产的产品品种数量。

③ 将需要生产的产品品种进行合理搭配，让各个车间每个月所生产的各种工种、设备的负荷均衡并得到充分利用（人力、物力、设备）。

④ 新产品品种应当分摊给各个季度、各个月来生产，要与生产技术准备工作的进度合理衔接。

⑤ 尽可能使各个季度、各个月的产量为批量倍数。

⑥ 考虑原材料、配套设备、人员和外购件对进度的影响。

2）单间小批量生产类型生产计划的特点是：

① 按合同规定的时间要求进行生产。

② 照顾人力和设备的均衡负荷。

③ 小批生产的产品尽可能采取相对集中的轮番生产方式，以简化管理工作。

（4）生产过程先进性、合理性的主要标志　一个生产过程是否合理与先进，往往有以下几个特点：

1）生产过程的连续性。生产过程连续性指制品在生产过程各阶段、各工序之间在时间上具有紧密衔接的特性。一般表现为原材料投入生产后，连续进行加工、运输、检验，直到出产入库，不发生或很少发生不必要的停顿和等待时间。保持生产过程的连续性，可以缩短制品的生产周期，减少在制品，节约流动资金，充分利用设备和生产面积。提高生产过程连续性的措施有：

① 按照工艺过程布置工厂和车间。

② 经常保持各生产阶段和环节的合理比例。

③ 尽量采用流水生产组织。

④提高加工、运输、检验等各工序的机械化、自动化水平。

2）生产系统的柔性。生产系统的柔性通常包含以下几个方面：

①机器柔性，即机器能够适应不同加工难易程度的产品。

②工艺柔性，一方面是生产系统可以在工艺不改变的情况下，通过自身适应产品或者原材料变换的能力，另一方面是生产制造执行系统可以根据不同的产品或者原材料改变工艺的难易程度。

③产品的柔性，即生产系统结合当前市场需求，可以产出新产品的能力。

④生产能力柔性，即生产系统可以根据产量需求，自动调整。

⑤扩展柔性，即当生产需求发生变化时，能够便捷地增添或者减少设备以适应需求。

⑥运动柔性，即利用不同的原材料、机器、工艺流程来生产一系列产品的能力。

3）生产过程均衡性。生产过程均衡性是指工业企业及其各个生产环节，具有在相等的一段时间内，出产相等或稳定递增数量制品的特性。一般表现为各工作地负荷程度相近，生产状况稳定，不出现前松后紧、时松时紧等现象。均衡地进行生产，能够充分利用设备和人力，保证生产安全和产品质量，减少流动资金积压和各种损失浪费。保持生产过程中的均衡性，需要加强计划管理和在制品管理，采用先进的生产组织形式，做好生产前的准备工作，提高辅助生产部门的服务工作质量等。

4）生产过程平行性。生产过程的平行性是指生产过程的各个阶段、各个工序在实践上实行平行交叉作业。

5）生产过程比例性。生产过程比例性亦称生产过程协调性，是指生产过程各阶段、各工序之间在生产性固定资产和劳动力配备上保持适当比例关系的特性。一般表现为各个生产环节上的工人人数、机器设备、生产面积保持相互协调的状态。它是实现生产过程连续性的物质基础。在生产过程中，由于生产技术变革、产品品种构成改变、原材料成分和性能变化，以及工人技术熟练程度的提高，都会引起生产过程各环节之间的不协调。保持生产过程的比例性，需要经常了解生产过程各环节的变动情况，采取必要的措施，及时调整各种比例，消除互不协调的现象。

4. 生产计划的编排流程和依据

生产计划的目的是让订单与产能互相平衡。生产主管在对生产计划进行审核时，需要重视该生产计划的编排依据，必须考虑相应的制约因素对该生产计划的影响，考虑资源的配置是否满足计划的需求并对产能进行预估。

下面以机器人车床上下料工作站的产能为例讲解生产计划的编排。

（1）六大制约因素　在进行生产计划任务编排前，需要了解并确认六大制约因素。生产计划六大制约因素分别是订货合同、工艺设计、原材料准备、设备配套、人员工时和能源供应，如图 3-22 所示。

1）订货合同制约。订货合同制约主要包含生产产品的品种、需要生产的数量、已经生产产品交货时间的限制。

2）工艺设计制约。工艺设计制约主要是指生产纲领、生产工艺过程、计算工厂原材料和半成品的需求量。

生产纲领是指确定生产纲领，明确所需要的产品的数量，确定好原材料的类型及数量，以及各种材料的供应。

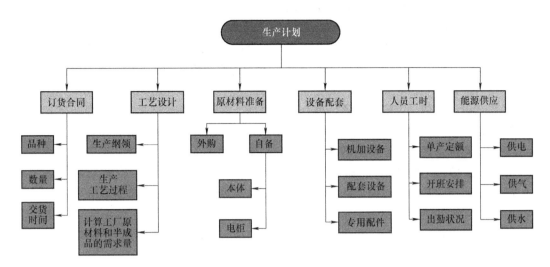

图3-22 生产计划六大制约因素

生产工艺过程是指制订出详细生产工艺流程，加工所需要的主要设备，辅助设备的型号及数量，加工区域的布置，加工内容，加工精度，加工质量等详细的工艺分析，编写详细的零件加工工艺卡片，明确各个零件的加工定位面、夹持点等，在进行机械加工时，制订出合理有效的加工切削参数（进给量、切削速度等），考虑零件进行加工时所需要的刀具种类、设计合理的夹具、量具以及对加工零件的检测方法。

3）原材料准备制约。原材料准备分为两大类，一类是外购原材料，另一类是自备原材料。

4）设备配套制约。设备配套制约主要包括机加设备的型号、数量，前后工序的设备配套情况、专用零部件的配套情况等。

5）人员工时制约。人员工时制约由不同品牌型号的单位产量定额、每周开班的次数、工人的出勤率等决定。

6）能源供应制约。主要受水、电、气的供应情况影响。

以上六种制约因素，需要在生产计划的编制过程中逐一进行评估和相互平衡，否则生产计划就无法编制。

（2）评估环节 评估环节包含设备能力评估、劳动效率评估、订货合同评估、工艺设计评估、原材料准备评估、能源供应评估、生产进度评估和实际接单评估，如图3-23所示。

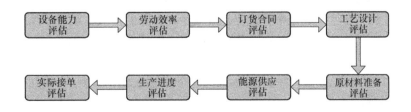

图3-23 评估环节

1）设备能力评估。设备能力评估重点在于对设备的种类、数量以及运行状况进行评估。通过评估的方式可以计算出各个设备的生产能力，了解设备的运转状况。

2）劳动效率评估。劳动效率评估主要是对开班的情况、平均出勤率、开机数量、实际单产和平均次品率进行评估。

3）订货合同评估。订货合同评估在于对订购合同的产品型号、数量、交货期的评估，通过合同的要求，评估与当前生产能力是否能够达到合同所需要的产能，能否在规定的时间内完成交货。

4）工艺设计评估。工艺设计评估重点在于对加工零件的精度要求是否合理，加工工序是否正确，加工要求的经济效益等进行评估。

5）原材料准备评估。原材料准备评估主要在于对原材料的种类、保质期、数量等进行评估。考虑原材料的属性是否能够满足当下订购合同的需要。

6）能源供应评估。能源供应评估的重点在于电、水、气的供应。确定能源供应能否保障正常生产，是否还有特别的能源要求。

7）生产进度评估。生产进度评估的重点在于前期生产计划的执行情况。了解生产进度的实际状况，确定计划提前或推迟的天数。

8）实际接单评估。实际接单评估的重点在于落实接单数量、编制生产计划。在完成前面几项评估的基础上，确定可接合同的数量，并根据所接合同的品种、数量、交货时间要求，编制新的生产计划。

以上八项评估环节中，主要以设备生产能力和员工的实际生产效率为主。因为这两项评估内容将直接影响产能的大小。

二、生产设备工艺流程知识

1. 生产工艺流程和工艺过程

（1）生产工艺流程　机械产品制造时，将原材料或半成品变成为产品的各有关劳动过程的总和，称为生产工艺流程。

生产工艺流程包含以下流程：

1）生产技术准备工作：产品的开发设计；工艺设计和专用工艺装备的设计与制造；各种生产资料及生产组织等方面的准备工作。

2）原材料及半成品的运输和保管。

3）毛坯的制造。

4）零件的各种加工、热处理及表面处理。

5）部件产品的装配、调试、检测、涂装和包装等。

（2）工艺过程　在生产过程中，凡直接改变生产对象的形状、尺寸、性质及相对位置关系的过程，统称为工艺过程。工艺过程通常由工序、安装、工位、工步和行程（进给次数）组成。

1）工序。工序是指一个或者一组工人在同一个固定的工作点对一个或几个工件所连续完成的那部分工艺过程。

2）安装。安装是指工件经过一次或多次装夹后完成的那一部分工序。在同一工序中，工件的工作位置可能只装夹一次，也有可能要装夹几次。

注意，工件在加工过程中，应当尽可能减少工件的装夹次数，以减少装夹误差。

3）工位。工位是指工件相对于机床或者刀具每占据一个加工位置所完成的那部分工艺过程。

4）工步。工步是指加工表面、加工工具和切削用量都不变的情况下，所完成的那一部分工序内容。

5）行程（进给次数）。行程（进给次数）有工作行程和空行程之分。工作行程是指加工工具或工件以加工进给速度完成一次进给运动工步的行程。空行程是指非加工工具以非加工进给速度对工件完成一次进给运动工步的行程。

2. 生产工艺流程管理

生产工艺流程管理主要包括生产工艺流程优化机制，生产工艺流程各环节的协调，生产工艺流程掌控。

（1）生产工艺流程优化机制　生产工艺流程并非一成不变，它会跟随技术的不断变化，人员的能动性能相应给工艺的改进提出合理的建议，这些过程都会对工艺流程的优化起到促进作用。工厂应创建相应的生产工艺流程优化机制来提升生产工艺管理。

（2）生产工艺流程各环节的协调　一个产品的加工会涉及很多部门，那么就需要这些部门之间相互协调。相应部门的管理者需要知道这个产品在实施的过程中，需要承担什么工作，使用什么工具和方法，需要承担哪些责任。只有这样，才能有效保证整个生产工艺流程的顺畅进行。

（3）生产工艺流程掌控　对生产工艺流程合理地掌控，才能确保设备的正常运行，人员的安全才能得到保障，才能清楚地知道整个工艺的关键控制点的状态。

第五节　智能化生产线优化

培训目标

➤ 能根据智能生产管理系统数据，调整智能化生产线设备及相关参数，优化生产

一、智能生产管理系统知识

21世纪以来，新一轮科技革命和产业变革正在孕育兴起，全球科技创新呈现出新的发展态势和特征。这场变革是信息技术与制造业的深度融合，是以制造业数字化、网络化、智能化为核心，建立在物联网基础上，同时叠加新能源、新材料等方面的突破而引发的新一轮变革，将给世界范围内的制造业带来深刻影响。这一变革，恰与中国加快转变经济发展方式，建设制造强国形成历史性交汇，这对中国是极大的挑战，同时也是极大的机遇。

从世界范围来看，工业4.0概念引领了全世界制造业的发展方向。其强调的工业化和智能化融合发展道路，已被中国一些制造业发达的地区率先借鉴。中国要从"制造业大国"向"制造业强国"迈进，当然不能在这一波全球性的产业革命中落后。

从中国自身来看，随着劳动力价格要素的上升，人口结构的变化，过去那种低质、低价的"中国制造"形态必须要向中高端转型。与此同时，随着城镇化的推进以及国民消费能力的上升，中国国内市场对于高端消费品的需求正在不断提升。从产业发展规律来看，生产往往是滞

后于需求的，当下人们对消费需求的提升，更应看作是推动中国制造业转型的有利东风。只有市场需要高端产品，企业家才有动力将其千方百计生产出来。

在"中国制造 2025"的伟大蓝图下，企业为了实现从传统制造模式向智能制造模式的快速转变，需要充分利用互联网、区域网、5G 网络和物联网领域内的各种技术，甚至可以建立在"云计算"及"云制造"的基础上，建设一个"智慧工厂、智能车间信息化平台"，通过信息互联互通、员工相互协同的模式，使制造企业具有高度的智慧性。具体来讲，就是企业综合应用 ERP 管理系统、制造执行系统（Manufacturing Execution System，MES）、车间现场数据智能交互系统和企业协同办公管理系统等，实现企业生产过程中人、机、料、法、环等方面的全面信息化、协同化、实时化、数字化和智能化，降低沟通成本、信息获取和处理成本、物料成本、能源成本，缩短交期，控制产品质量，从而使企业的生产力、竞争力得到全面的、更大的提升。

目前，中国制造的主要痛点一般集中在车间生产现场，是信息化管控的薄弱环节。基于这种状况，企业急需一个信息化管理工具进行智能化管理上的弥补，于是智能生产管理系统应运而生。

本节以车间数字化可视化系统为例，介绍智能生产管理系统是如何在生产管理上发挥作用的。

"车间数字化可视化系统"又叫"车间数据信息交互智能终端"（Intelligent Workshop Interactive Terminal，i-WIT），面向生产车间，基于各种智能设备（如触摸屏电脑、平板电脑、手持采集器、智能手机和手机短信报警提醒平台），利用数据库技术、无线网络技术、物联网技术，为生产管理人员和现场操作人员搭建了高效实时的沟通、管控、执行和协同平台。

1. 生产车间所面临的问题

（1）生产任务

1）生产计划口头或书面下达给生产车间，下达效率低，信息传递不准确。

2）工位操作说明，工艺图样仍采用打印张贴的方式，导致一线工位看到的图文数据不是最新版本，传递信息量有限，易丢失，更换不方便。

（2）生产过程

1）生产进度难透明，交期把控难度高，每个生产工序需要人工层层汇报，数据收集、反馈周期长，信息不准确。

2）生产过程中的各种数据，如生产数据、检验数据、调试数据、工时数据、人员数据、设备数据等收集困难。

3）当异常情况发生时，采用传统的汇报方式导致通知效率低，响应周期时间长，异常跟踪和考核数据收集困难。

（3）统计分析

1）人员绩效考核混乱，及时性差，容易出现吃大锅饭现象，影响员工积极性。

2）人工统计各种报表，易出错且严重滞后，造成资源浪费。

2. i-WIT 的功能

i-WIT 的功能如图 3-24 所示。

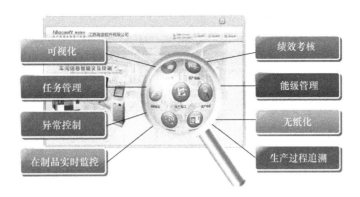

图3-24　i-WIT的功能

1）派工单实时下达及变更通知到操作岗位。

2）与派工单相关的产品设计图样及相关文档，操作人员可在线阅览。

3）与派工单相关的生产工艺图样及相关文档，操作人员在线阅览。

4）与派工单相关的岗位操作说明书（作业指导书）实时更新，操作人员可在线阅览。

5）与派工单相关的生产过程或检验过程标准数据可在线浏览。

6）实现车间现场生产数据、质量数据实时采集及闭环反馈。

7）实现车间现场请求问题短信通知及反馈、执行跟踪和分析管理。

8）实现产品生产过程的质量追溯管理。

9）支持与 ERP 和 MES 集成，实现设计、工艺、生产和检验高度协同。

10）实现生产现场无图样、无纸张、可视化、实时化和协同化。

11）实现对派工和报工、问题呼叫和处理的各种实时统计报表分析，成本管控及业绩管理。车间智能系统 i-WIT 如图 3-25 所示。

3. 功能清单

（1）生产计划管理功能　生产计划管理见表 3-3。

（2）生产任务跟踪功能　生产任务跟踪见表 3-4。

（3）生产检验管理功能　生产检验管理见表 3-5。

（4）生产返修管理功能　生产返修管理见表 3-6。

（5）现场呼叫管理功能　现场呼叫管理见表 3-7。

（6）产品信息管理　产品信息管理见表 3-8。

（7）产品图文管理　产品图文管理见表 3-9。

（8）生产报工管理功能　生产报工管理见表 3-10。

（9）看板管理功能　看板管理见表 3-11。

（10）生产综合统计分析功能　生产综合统计分析见表 3-12。

（11）智能生产管理系统　智能生产管理系统的优势见表 3-13。

4. 智能生产管理系统的优势

通过使用智能生产管理系统，获取工厂加工数据，对工厂的计划任务进行合理调整，将给工厂带来极大的收益。

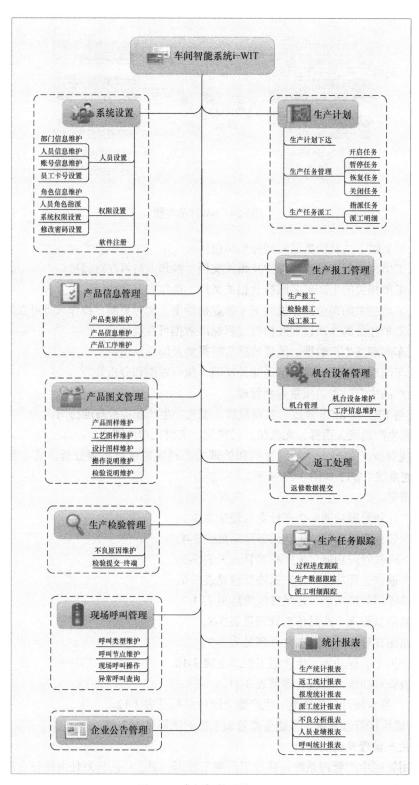

图3-25　车间智能系统i-WIT

表 3-3 生产计划管理

模块名称	子模块	功能介绍
生产计划管理	生产计划下达	1）增加、删除、修改生产计划 2）支持一次性批量导入生产计划 3）下达生产计划
	生产计划管理	生产计划管理是可以对已经下达的生产计划进行"暂停""关闭""完成"等操作，可以查看生产计划单最后工序的完成数和完成率。方便了解最后的车间生产情况
	工序任务派工	1）增加、删除生产工序 2）对工序进行派工，包括派工数量、生产人员、生产设备和检验人员等 3）查看、修改派工明细

表 3-4 生产任务跟踪

模块名称	子模块	功能介绍
生产任务跟踪	过程进度跟踪	可以查看产品生产到哪一道工序，每道工序首次提交日期，最新生产提交日期，工序完成率，对生产任务过程进行跟踪
	生产数据跟踪	可以查看产品生产到每道工序的合格数量，返工、报废数量，以及查看每道工序的完成率、报废率等
	派工明细跟踪	可以查看每个派工单的派工明细，包括工序名称、派工数量、操作说明、设计图样、工艺图样、检验说明和提交明细等

表 3-5 生产检验管理

模块名称	子模块	功能介绍
生产检验管理	不良类型维护	对产品检验中不良信息类型的维护，包括不良类型的编码、名称、描述等
	检验数据提交	对产品的某个工序进行检验，通过输入检验信息包括检验数量、合格数量、不良数量和不良分析报告等数据信息，完成产中的检验操作
	巡检数据提交	对产品进行抽检、巡检，检验人员可以手持终端设备到生产车间或仓库内对产品进行巡检和抽检，提高了产品检验效率

表 3-6 生产返修管理

模块名称	子模块	功能介绍
生产返修管理	生产返修管理	主要对生产过程中产品出现问题时，进行产品的返修处理。通过生产计划单号显示车间生产的产品的名称，单击此产品后，返工记录明细区域显示此产品需要返工的工序信息，单击相关操作后，录入数量后完成此次生产返修管理的处理操作

表 3-7　现场呼叫管理

模块名称	子模块	功能介绍
现场呼叫管理	呼叫类型维护	可以定义异常呼叫的类型，包括增加、删除呼叫类型等功能
	呼叫节点维护	可以定义异常呼叫的节点，包括增加、删除呼叫类型等功能，内容包括节点负责人、知晓人员、节点生产信息等

表 3-8　产品信息管理

模块名称	子模块	功能介绍
产品信息管理	产品类别维护	主要维护产品类别，包括对类别的增加、删除的功能，以及对类别的编码、名称的维护
	产品信息管理	主要是维护产品的基本信息，如产品的类别维护、产品的信息管理维护、产品的工序维护等详细信息
	产品工序维护	主要是维护该产品生产时经过的工序，以及设置工序是否必须要经过检验，为生产做准备

表 3-9　产品图文管理

模块名称	子模块	功能介绍
产品图文管理	产品图样维护	实现对产品图样的上传、下载、查看的功能，支持多种图片格式，可以上传多张图样，查看时，支持对图片的放大、缩小、上下左右的移动等操作
	工序工艺图样	实现对产品工序工艺图样的上传、下载、查看的功能，支持多种图片格式，可以上传多张图样，查看时，支持对图片的放大、缩小、上下左右的移动等操作
	工序设计图样	实现对产品工序设计图样的上传、下载、查看的功能，支持多种图片格式，可以上传多张图样，查看时，支持对图片的放大、缩小、上下左右的移动等操作
	工序操作说明	实现对产品工序操作说明的上传、下载、查看的功能，支持多种文档格式，可以上传多文档
	工序检验说明	实现对产品工序检验说明的上传、下载、查看的功能，支持多种文档格式，可以上传多文档

表 3-10　生产报工管理

模块名称	子模块	功能介绍
生产报工管理	人员报工	员工根据当天实际工作的情况，对完成工作量进行上报的功能
	派工单报工	根据派工单号，对当天派工工作完成情况进行上报的功能
	返修报工	对生产过程中，需要进行返修处理的工作情况进行上报的功能

表 3-11　看板管理

模块名称	子模块	功能介绍
看板管理	生产车间看板	主要展示各班组的生产设备的生产任务情况，具体信息包括计划开始时间、结束时间、物料准备状态、人员状态、生产订单号、配料单号和设备型号等
	办公室看板	主要展示生产出现的异常、解决情况，以及企业生产计划的执行情况

表 3-12　生产综合统计分析

模块名称	子模块	功能介绍
生产综合统计分析	生产统计报表	统计某一时间段内的车间生产情况，可以按"生产提交日期""产品""工序""机台""人员"统计生产情况，并支持报表的打印和导出
	返工统计报表	对生产过程中某一时间段内生产返工进行统计，可以按"生产提交日期""产品""工序"统计返工情况，并支持报表的打印和导出
	人员业绩报表	是对员工在某一时间段内工作的业绩统计，可以按"生产提交日期"对所有生产人员的工作业绩进行统计，并支持报表的打印和导出
	派工明细报表	是对某一时间段内派工明细的具体加工情况进行统计，可以按"派工日期""未开始""加工中""已完成""全部"统计派工明细的具体的加工情况，并支持报表的打印和导出
	报废统计报表	是对生产过程中在某一时间段内报废产品进行统计，可以按"生产提交日期""产品""工序"统计生产时产品报废情况，并支持报表的打印和导出
	不良分析报表	是对某一时间段内产品不良状况进行统计，可以按"生产提交日期""产品""工序"查询具体产品的不良项情况，并支持报表的打印和导出
	现场呼叫报表	是对生产过程中某一时间段内终端呼叫处理的统计，可以按"呼叫日期""呼叫类型""呼叫人员""责任人"查询终端呼叫情况，并支持报表的打印和导出

表 3-13　智能生产管理系统的优势

功能类型	功能介绍	价值分析
生产任务	输入或导入生产计划后，自动或手动指派生产任务到工序、工位、人员或机台	提高任务下达效率 200% 以上
	当任务设置暂停或完成时，控制生产现场无法录入或采集生产数据	生产任务控制率提高到 100%
生产过程	工序、工位或机台人员扫描工位卡后，自动弹出下达的生产任务以供报工录入	提高生产数据报工及时率 100% 以上
	实时查看工位任务指定需要查看的作业指导书、设计图样或工艺文档	实现无纸化，提高文档效率和质量
	生产完成提交数量后，系统自动通知检验进行检验，检验后系统自动通知生产岗位检验结果（支持对首检自动控制）	提高检验信息沟通效率 100% 以上
	生产过程遇到各种请求呼叫，系统自动根据问题类型及具体产品，短信或看板呼叫到指定的负责人和知晓人，并对延迟处理的问题进行报警和提醒	提高现场问题处理效率 300% 以上
统计分析	自动生成生产任务完成率；合格率及不良率；现场异常呼叫次数柏拉图；现场问题处理及时率	减少统计人员人工成本 100%

二、大数据分析、云计算知识

1. 大数据

随着互联网的不断发展，传统的技术设备和手段早已无法满足人们对数据的采集、处理、使用的要求，大数据的到来正好解决了这一问题。截至目前，大数据已经被许多行业所重视，通过应用大数据，企业能够提高工作效率，提高利润。

随着人类历史的不断发展，数据爆炸、知识庞杂造成的难以决策现象日益严重。数据、知识、决策的关系如图 3-26 所示。

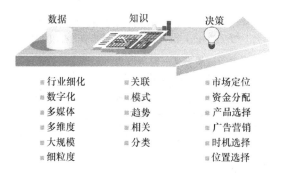

图3-26　数据、知识、决策的关系

（1）数据的概念　大数据是指海量数据或者巨量数据，其规模巨大到无法通过目前主流的计算机系统在合理时间内获取、存储、管理、处理并提炼以帮助使用者决策。

（2）数据的构成　大数据是大交易数据、大交互数据和大数据处理的统称。大数据是一种数据，具有可扩展性、复杂性、多样性的特点，因此，需要一种新的算法、分析工具去管理这些数据，并在数据库中提取重要的信息用于实际工作中。大数据的构成如图 3-27 所示。

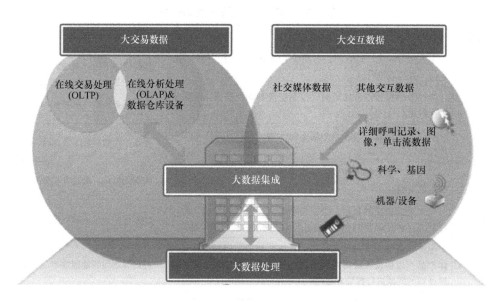

图3-27　大数据的构成

（3）大数据的特点　大数据由于具有在一定时间内很难依靠已有的数据处理来进行有效的采集、分析、决策的属性，决定了其常常满足"4V+1C"的特点，即数据量大（Volume）、价值密度低（Value）、快速（Velocity）、形式多样（Variety）、复杂度高（Complexity）。

1）数据量大。数据量大是指存储的数据量巨大。

2）价值密度低。大数据通过快速采集和分析数据，将大量、多种类的数据全部采集，并没有过滤掉无用的数据。

3）快速。大数据的快速性是由于我们的日常生活每天都在产生新的数据，这种数据越能反映当前社会的常态，它的价值也越高，这就要求对数据的处理能力和速度极高，以便能够及时提取数据中的知识，获得价值。

4）形式多样。大数据的来源及形式多种多样，非结构化、半结构化、结构化数据通常会被一起采集。

5）复杂度高。复杂度是指大数据对数据的处理和分析的难度大。

2. 工业大数据

智能制造时代的到来，也意味着工业大数据时代的到来。工业大数据是指在工业领域信息化应用中所产生的大数据。

伴随着信息化与工业化的深度融合，信息技术已经完全渗入工业产业链中的各个环节。例如，条形码、无线射频、二维码、数字传感器、工业自动化控制系统、工业物联网、ERP和CAD/CAM/CAE/CAI等技术在工业中得到了广泛的应用，尤其是互联网、移动互联网、物联网等新一代信息技术在工业领域的应用。在制造业向智能化转型的过程中，将会催生出一大批企业对工业大数据的应用。工业大数据无疑将会极大地提高制造业的生产力和竞争力。

2012年，通用电气公司（GE）首次提出了"工业大数据"的概念。该概念主要关注工业设备在声场过程中所产生的海量数据。其实，工业大数据的应用不仅仅局限于生产企业内部和产业链之中，还涉及客户、用户的相关数据，甚至囊括了互联网上所产生的一切相关数据。

各种机械设备的运行会产生大量的工业数据，而这些数据将会被收集起来，然后进行分析、归类、存储，通过将这些数据与历史数据进行深度挖掘，通过一系列的整合之后便构成了大数据。

（1）工业大数据的来源　工业大数据起源于产品的全生命周期的各个环节。工业大数据是通过搜集市场、设计、制造和服务等各个环节在运行过程中产生的数据，当然，企业外的"跨界"数据也是工业大数据所采集的一个重要来源，因此，企业经营相关的业务数据、机器设备互联数据、企业外部数据这三条数据流汇聚成了工业大数据。

1）企业经营相关的数据。企业经营相关的数据源于企业信息化的范畴，它涵盖了企业资源计划（ERP）、供应链管理（SCM）、客户关系管理（Custorner Relationship Management，CRM）、产品全生命周期管理（Product Lifecycle Management，PLM）、环境管理系统（Environmental Management System，EMS）等。

2）机器设备互联数据。机器设备互联数据主要是通过生产制造执行系统（Manufacturing Execation System，MES）实时采集并传递工业生产过程中所用的设备、物料、产品的加工情况和环境参数等。

3）企业外部数据。企业外部数据主要包含产品售出之后的使用和运行情况，与此同时还涵盖客户、供应商的相应信息，通过互联网进行整合。

（2）工业大数据的特征　工业大数据具有一般大数据的基本特征（数据的海量性与多样性等），此外还具有四个典型的特征，即价值性（Value）、实时性（Real-time）、准确性（Accuracy）、闭环性（Closed-loop）。

1）价值性。工业大数据强调的是我们所获取到的用户价值驱动和数据本身的可用性，这种可用性能够提升企业的创新能力和企业的生产经营效率，它可以促进服务转型、个性化定制等智能制造新模式变革。

2）实时性。工业大数据的数据来源是通过采集各个生产线环节所产生的各种数据，从数据的采集、处理、分析、异常发现及应对方式上都有很高的实时性要求。

3）准确性。工业大数据的准确性主要是指所采集到的数据必须是真实、完整可靠的。

4）闭环性。工业大数据最大的特征就是其具有非常强的目的性，与互联网大数据不同，其更加注重于一种关联数据上的挖掘，是一种更发散的数据搜集。工业大数据的分析技术主要是要解决以下三个问题：

① 隐匿性。工业大数据在对数据特征的提取上，更加注重于特征背后的物理意义和特征与特征之间有所关联的逻辑性。

② 碎片化。工业大数据更加注重数据的全面，它面向应用时，往往希望能够尽最大可能采集样本数据，以达到能够覆盖工业过程中各种类型变化的条件。所以，工业大数据需要客服碎片化数据带来的干扰，它需要利用特征提取等手段来对信息数据进行整合并将其转化成有用的数据。

③ 低质性。数据碎片化常常会影响到数据的质量，即数据的数量无法保证数据的质量，这往往会造成数据的低可用率，一个低质量的数据极有可能造成工业大数据的结果无法使用。

工业大数据对预测和分析结果的容错率很低，它与互联网大数据不同，互联网大数据不要求多么精准的结果推送，而仅仅考虑两个属性之间的关联性。

（3）工业大数据助力生产制造的优化控制　随着各大企业自动化设备的增加，基于互联网与工业融合的智能制造时代早已来临。工业大数据将极力推动产品生产过程的智能化和工厂管理的智能化。它将引领着控制系统的优化，智能行为的提高，将大大优化生产控制的过程，为工厂带来更高的收益。工业大数据利用其优势，实现生产制造的优化控制。

1）利用海量数据对发生过程建模指导生产。工业大数据是通过采集大量数据并对采集的数据进行处理分析，可以从以往采集到数据库的数据进行整合。通过智能排产，拟定生产方案，并监控方案与现场实践的误差，动态调整方案进行排产。

2）利用预测分析技术发现隐形问题。质量缺陷、精度不够、设备故障、加工失效、成本高和效率低这些都是制造系统中的问题。工业大数据的加入，就可以迅速获取和积累这些数据，这些数据经过分析和整理后可以了解问题产生的过程、造成的影响和解决的方式，当这些信息被抽象化及建模后就会转化成方法，再用这些方法去解决和规避问题。如此循环执行，就形成了所谓的智能制造。

3）利用大数据推动智能制造的三个主要方向。工业大数据主要通过三个方向来推动智能制造：

① 把问题变成数据，利用数据对问题的产生和解决进行建模，把这些数据变成有价值的数据。

② 把数据变成知识（方法）。

③ 把知识再变成数据，这个数据与前面所说的数据有所不同，这里的数据是指工厂在生产过程中的指令、工艺等。

（4）工业大数据对企业的影响　工业大数据带给用户的只是一个方向的指引，并非能够直接带来销售量的增长或者客户。数据要有作用，必须转化为行动，才能具有一定价值。下面将简要说明工业大数据在各个行业的影响。

1）产品营销。工业大数据分析营销的结果，为企业制订销售方针，给出今后研发方向，提供智能维保服务。

2）设备远程故障诊断分析。工业大数据预测设备未来可能出现故障的时间，提供可以避免设备出现故障的方案，解决用户因为设备故障停机造成的损失。

3）技术创新。工业大数据可以通过各个领域专家的资源共享、建立智能决策库，让工业大数据对产品数据分析，实现自动化设计和数字化仿真优化。

4）节约效能。通过数据集的切分和规律查找，帮助找到最优化的数据集，实现人员投入及控制过程的节能提效。

3. 云计算

云计算是经电厂模式、效用计算、网络计算和云计算四个阶段才发展到现在的。21 世纪 10 年代，云计算作为一项新技术已经得到了快速发展，它改变了人们的工作方式，也改变了传统的软件工程企业，为我们的生活提供了很多便利。云计算是通过使计算分布在大量的分布式计算机上，而非存在于本地计算机或者远程服务器中。一个企业的数据中心的运行将与互联网更加相似，这就让企业能够将自己的资源直接与所需要的应用相连接，根据自己的需要，选择要访问的计算机和存储系统。

云计算基于物联网相关服务的增加、使用和交付模式，它是利用互联网来提供动态扩展的资源。

（1）云计算基础设施　企业的应用程序转向基于云计算的应用程序部署模式时，云计算的架构设计工程师需要考虑选用公用云、专用云还是混合云。

企业在布置云计算的基础设施时，可以根据需要取舍，选择公用云还是专用云或混合云部署自己的应用程序。通常所说的公用云一般布置在互联网上，专用云则是布置在建筑物内，也有布置在主机托管所内的。

通常一个企业选择云计算模式时会考虑多种因素。例如，如果这个程序只是临时需要的应用程序，通常会考虑部署在公用云上，因为这可以避免因为临时需要而增加购买设备的费用；如果是永久使用或者是对服务器的质量有很高要求的应用程序，通常选择专用云或者混合云，这样才能够有效保障程序的正常运行。

1）公用云。公用云如图 3-28 所示，是指在共享基础设施上提供可扩展、具备弹性以及所用即所付的付费模式。公用云由第三方运行，而不同的客户提供的应用程序可能会在云的服务器、存储系统和网络上混合在一起。一般情况下，公用云可以提供灵活的使用方式和临时的扩展方式，在一定程度上降低了客户的风险。

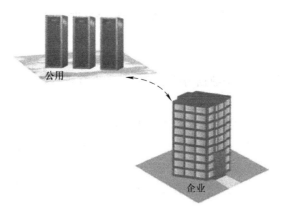

图3-28 公用云

2）专用云。专用云如图 3-29 所示，是为一个客户单独构建的，因而提供对数据、安全性和服务质量最有效的控制。专用云可部署在企业数据中心中，也可以部署在一个主机托管所内。

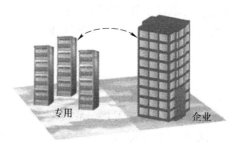

图3-29 专用云

3）混合云。混合云如图 3-30 所示，是把公用云模式和专用云模式结合在一起。混合云的优势在于可以根据企业自身需要，随时对外部供应进行扩展。这种模式一般用于工作负荷波动比较大的企业，当工作负荷比较大时，利用公用云来扩展，以弥补专用云容量不足带来的缺陷。

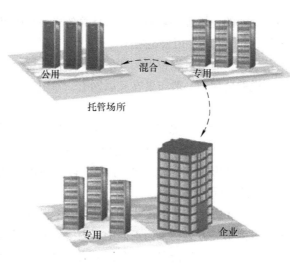

图3-30 混合云

（2）云计算的分类　云计算按复位类型大致分为三类，即将软件作为服务、将平台作为服务、将基础设施作为服务。

1）将软件作为服务。云计算将软件作为服务的针对性更强，它将某些特定应用软件功能封装成服务。

2）将平台作为服务。云计算将平台作为服务对资源的抽象层次更进一步，提供用户应用程序运行的环境。

3）将基础设施作为服务。云计算将基础设施作为服务是将硬件设备等基础资源封装成服务供用户使用。

（3）云计算实现机制　云计算的体系结构主要由四部分组成，如图 3-31 所示，分别是管理中间件层、SOA 构建层、物理资源层和资源池层。其中管理中间件层和资源池层是云计算技术最关键的部分，SOA 构建层的功能更多依靠外部设施提供。

1）管理中间件层。云计算的资源管理，并对众多应用任务进行调度，使资源能够高效、安全地为应用提供服务。

2）SOA 构建层。封装云计算能力成标准的 Web Services 服务，并纳入到 SOA 体系。

3）物理资源层。计算机、存储器、网络设施、数据库和软件等构成了物理资源层。

图3-31　云计算的体系结构

4）资源池层。将大量相同类型的资源构成同构或接近同构的资源池。

（4）云计算与大数据的关系　从本质上来讲，云计算与大数据的关系是静与动的关系。云计算强调的是计算，就是动的概念，而数据则是计算的对象，是静的概念。处理大数据的能力（数据采集、整合、转换和统计等能力），其实就是计算的能力，这个就是云计算的能力。如果说大数据是宝藏，那么云计算就是挖掘宝藏的工具。

测 试 题

一、填空题

1. 根据测量结果来分，电子测量的方法分为_____、_____、_____。

2. 生产计划六步法是指_____、_____、_____、_____、_____和_____。

3. 工艺过程通常由_____组成。

二、简答题

1. 请简要阐述机器人本体安装的基础要求。

2. 自动化生产线的作用与特点是什么？

3. 生产物流系统是由哪些系统组成的？

4. 什么是生产系统的柔性？

5. 什么是大数据？

6. 大数据的特点是什么？

7. 工业大数据的典型特征是什么？

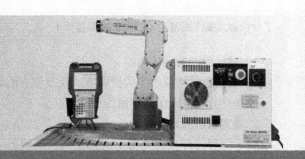

第四单元

培训指导

第一节　理论培训

培训目标

➢ 能够编写培训大纲

➢ 能够编写理论培训教案

➢ 能够灵活应用各种教学方法开展理论培训

导读

工业机器人是特殊的生产设备，使用时必须熟悉其基本的安全操作知识，以及基本的操作、维护、编程和调试知识，否则可能会导致工作任务的失败或产生安全事故。因此，技师、高级技师（为了方便表述，以下统称"培训技师"）必须具备全面、扎实的专业技术能力，同时需要熟练掌握和灵活运用培训方法对用户（或中、高级员工，以下统称"学员"）开展培训指导。

一、培训大纲编写方法

培训大纲是在明确培训主题和了解学员基本情况后，对培训内容和培训方式的初步设想。大纲给培训课程定了一个方向和框架，整个培训课程将围绕着这个框架进一步充实和延伸。

培训课程大纲应该是在了解了学员的基本情况、已具备的知识、技能及学习能力等情况下，为将要进行的培训课程编写的实施纲要。培训课程不能在没有计划的情况下就匆忙进行，就像写文章一样，培训课程大纲中要对课程的实施有所安排，包括授课模式、教学组织和课程内容选择等。

在编写培训课程大纲时，主要从以下几个方面考虑：

1. 编写培训课程大纲的流程

1）根据课程目的和目标确定主题。

2）为提纲搭建一个框架。

3）确定培训的具体内容。

4）选择各项培训内容的授课方式及授课方法。

课程目的和目标在此不做详细说明。

2. 确定合适的培训内容

对于内容的开发，要考虑的因素包括课程的适用性、可行性、一致性、互动性、关联性、实用性、进度及内容与学员知识水平的协调性。内容开发是培训开发流程中最具创造性的阶段，也是最耗费时间的步骤。应该从以下几点出发考虑课程大纲的编写，以设计出适合他们学习的课程。

1）学习的目的和原因。

2）工作所需要涉及的知识与技能。

3）新知识、技能与学员已学知识、技能、经验之间的联系。

4）课程之间、培训项目之间的联系。

5）学员喜欢何种授课方式，特别是企业员工与在校生有很大不同。

6）设置一个与培训内容相匹配的学习内容。

7）考虑到每节课的上课时段、时长等，以防出现学习疲倦，特别是在企业培训时，还要考虑到生产企业的工作安排。

3. 决定内容的优先级

应用下列指导原则使内容适合课程的目标和学员的需求。

1）根据互为依据的课题进行编排。

2）按照问题由易到难的顺序来编排。

3）按照问题的出现频率、紧迫性和重要性进行编排。

4. 选择授课方式方法

培训授课方式方法多种多样，如讲授法、讨论法、案例分析法和视听法等。设计培训课程时，设计者可提出具体的建议，培训者可根据授课内容的需要灵活选择使用不同的授课方法，只要达到授课目的即可。

5. 培训大纲的编写

培训大纲编写样例见表 4-1。

二、理论培训教案的编写

理论培训教案是指培训技师根据培训目标，针对不同层次的学员，对培训课程进行设计、编写的培训实施方案。教案是培训技师对所培训课程的设计，作为备课的成果，应该体现出教什么、怎么教，达到什么程度，实现什么目标。一般包括培训的题目（项目）、培训目标、培训的重点与难点、培训的方式、方法、手段、基本内容以及课后小结等。教案是保证培训达到预定目的的必要准备，是增强培训效果和培训质量所必备的教学基本文件。

编写理论培训教案不仅仅是将教学内容抄到相应的本子上，它的本质是要求做好课时备课。所谓的课时备课就是以课时为单位，设计出具体的教学方案。显然，要完成单元的学期教学任务就是要靠每一个课时教学计划逐一落实。所以课时备课的好与坏，直接影响培训任务完成的好与坏。在实际培训工作中，课时备课会演变为任务备课、项目备课。

表 4-1 培训大纲编写样例

培训项目名称	工业机器人应用与维护		培训课程名称	PLC 应用
学时	60			
课程目标	1. 能根据控制设备控制要求进行 PLC 及外围设备选型 2. 能设计 I/O 线路图 3. 能根据控制要求编写梯形图程序 4. 能进行设备的安装、调试、维修和维护			
课程地位与作用	PLC 是 20 世纪 70 年代初发展起来的一种工业自动化控制装置，它综合了计算机技术、自动控制技术和通信技术，是应用极为广泛的自动控制设备。通过本课程学习，学员应掌握以 PLC 为手段的工控系统的设计和应用，包括硬件系统设计及软件编程，为后续课程的学习打下基础			

课程内容

序号	培训课题	内容	学时	所需设备	培训方法
1	点动控制电路外围电路的安装与调试	1. 初识可编程序控制器 2. 可编程序控制器的安装与 I/O 接线 3. GX_develope8.86 编程软件的安装 4. 系统调试	10	可编程序控制系统实训台、投影仪、计算机、三相异步电动机	讲授法、视听法、讨论法
2	液压泵控制	1. 三相笼型异步电动机自锁正转控制电路的改造 2. 涉及指令：LD、LDI、OR、ORI、AND、ANI、OUT、NOP 和 END 指令 3. 通过案例介绍 PLC 的扫描方式 4. 介绍 PLC 的 I/O 接线 5. 介绍 PLC 的梯形图编程注意事项及应对策略	15	可编程序控制系统实训台、投影仪、计算机、三相异步电动机	讲授法、演示法、讨论法
...	......	......	...	......	......

培训方式	面授
考核方式	笔试：闭卷 技能操作：开卷
教材和参考书	1. 刘凤春，王林，周晓丹. 可编程序控制器原理与应用基础 [M].2 版. 北京：机械工业出版社，2009. 2. 汪道辉. 可编程序控制器原理及应用 [M].2 版. 北京：电子工业出版社，2011.
说明及备注	本课程与其他课程的关系 本课程的先修课程为：电子技术、传感技术 本课程的后续课程为：工业机器人基础训练、工业机器人系统集成等
审定	

1. 课时备课三个步骤

第一步要认真学习职业标准，钻研鉴定教材，翻阅其他技术参考资料，深入了解培训学员。努力从方方面面搜集吸纳备课信息。因为理性认识建立在感性认识的基础上，培训者备课信息吸纳的越多，越有助于对备课内容和方法的理性认识，越有助于优化课堂教学设计。

第二步是对所收集到备课信息进行构思加工，设计教学方案，在这个阶段，培训技师要敢于大胆地对教材进行处理，以便以简驭繁，化难为易，突出重点，突破难点。

第三步是编写教案。教案编写应详略得当，言简意赅，有操作性。

当然，以上三个阶段的划分是相对的，不是截然分开的。如吸纳备课信息中有对信息的加工，在加工信息中也常会伴随着对备课信息的吸纳。尤其是在编写教案过程中，有时既是设计教学方案的信息的加工，又是信息输出的物化过程。

2. 教案编写的原则

1）符合科学性。依标扣实，避免出现知识性错误，避免与实际需求脱轨。

2）加强创新性。构思巧妙，避免千篇一律，考虑知识的更新。

3）注意差异性。各尽所能，避免千人一面，考虑不同设备及企业的要求。

4）强调操作性。以简驭繁，避免臃肿烦琐，所讲授的理论知识能服务于实际工作。

5）考虑变化性。灵活运用，避免死板教条，根据企业、学员、设备情况灵活调整。

6）突出规范性。规范操作，避免天马行空。

对教案的详与略要正确理解。详案也不是事无巨细，越详越好，大段的叙述文字，照抄教科书内容，致使一个课时的教案长达十几页，不仅耗时费力，应用性也不强。简案也不是越简越好，除了罗列几个标题以外，缺少教学过程的导入、练习、板书、提问等设计。通常，教案应简明扼要，不应写得过详，一个充满教学经验的教案是简短而实在的，是为了培训的需要而写的，是写给培训者本人的，应从方便于教学的角度编写。

3. 教案编写具体内容

一般而言，理论培训教案应包含如下内容。

1）授课题目：即本节课的课题。

2）授课时间：按教学进度所规定的时间。

3）教学目标：根据鉴定标准或培训计划与培训内容并结合学员实际确定一节课教学目标。写教学目标应包括三方面内容，一是基础知识和技能应达到的程度，二是有关学员思维能力方面的培养，三是对有关思想情感的渗透。

4）教学重点和难点：根据鉴定标准或培训计划与培训内容并结合学员实际确定一节课的重点和难点。

5）学情分析：根据学员认识水平分析学员的知识与技能掌握情况。根据学员年龄特点，分析学员情感、态度与价值观等方面需要情况。

6）教学方法：简单地说就是技师授课的方法与手段。

7）教学资源的准备，如教具、学具的准备，即本节所用的，如卡片、小黑板、投影、投影片、录音机和实物等。

8）教学过程（也叫教学程序）：这是教案书写的重点，也是难点。教学程序是培训技师具体施教的步骤，是培训技师教学设计的体现，也是教学思想的展示过程。写教学过程应写清以下几点：

①写出教学全过程的总体结构设计。

②写出教材展开的逻辑顺序主要环节及过渡衔接。

③写出教学重、难点的突破方法，以及所采用的教学手段、教学方法。

也可以说主要写清楚创设情景的导入，师生合作的交流，课堂效果的反馈（如设计的练习题），课堂教学的小结。

9）板书设计。教案中要单列板书设计，板书要直观精练，易归纳小结，易引导，纲领性强，板书使用合理。

10）课后反思。新的课程积极倡导培训技师不仅是课堂的实施者，更是反思性的实践者，学会反思是每个培训技师职业成长的必经之路。因此，我们积极倡导写好课后反思，而怎样写课后反思，写什么等是每一个培训技师非常关注的问题，在教学反思中，可以围绕以下具体问题进行。

一是教材的创造性使用。如教材中有些生活场景的选择，问题情境的创设并不是很贴近学员的生活，不能引起学员共鸣，因此，我们在创造性地使用教材的同时可以在反思中加以记录。

二是教学的不足之处，如小组学习有没有流于形式，有没有关注学员情况、态度、价值观的发展等内容。针对问题找到了哪些解决办法和教学新思路，写出改进策略和教学的新方案。

三是学员的独到见解。上课时学员提出了哪些有价值的问题。

四是学员的学习是否与教案设计相统一。

写课后反思追求"短"——短小精悍；"平"——平中见奇；"快"——快捷及时。

4. 教案编写样例

培训教案编写样例见表 4-2，请读者根据实际情况进行调整。

表 4-2 培训教案编写样例

培训技师：　　　　　　　　　　　　　　　　　　　　　　培训时间：年　月　日　时

授课题目		授课时间	年　月　日　时		
授课地点		教学学时			
教学目标					
教学重点和难点					
学情分析					
教学资源					
教学进程					
步骤	教学内容		教师、学生活动	教学方法与手段	时间分配
课后反思					

三、理论培训教学方法

1. 讲授法

所谓讲授法就是通过说明、解释、分析和论证来传授知识，是一种古老而传统的教学方法，指培训技师通过口头语言（含适当的肢体语言）直接向学员系统连贯地传授知识的方法。从教的角度来说，讲授法是一种传授型的教学手段；从学的角度来说，讲授法是一种接受型的学习方式。在实际的教学过程中，讲授有多重表现形式，如讲述、讲解、讲演等。

（1）优点

1）讲授法有利于大幅度提高课堂教学的效果和效率。讲授法具有两个特点，即通俗化和直接性。通过讲授能使深奥、抽象的课本知识变成具体形象、浅显通俗的东西，从而排除学员对知识的神秘感和畏难情绪，使学习真正成为可能和轻松的事情。

2）讲授法有利于帮助学员全面、深刻、准确地掌握教材，促进其学科能力的全面发展。

3）讲授法有利于充分发挥培训技师自身的主导作用，使学员得到远比教材内容更多的东西。

4）讲授法是其他教学方法的基础。从教的角度来看，任何方法都离不开讲授者的"讲"，在运用时都必须与讲授相结合，只有这样，其他各种方法才能充分发挥其价值。所以，可以认为，讲授是其他方法的工具，讲授者只有讲得好，这些方法的有效运用才有了前提。从学的角度来看，讲授法也是学员学习的一种最基本的方法，其他各种学习方法的掌握大多建立在接受法的基础上。学员只有学会了"听讲"，才有可能潜移默化地或自觉地把讲授者的教法内化为自己的学法，从而真正地学会学习，掌握各种方法。

（2）缺点

1）讲授法容易使学员产生"我已经非常清楚所学知识"的假象，从而不愿意进行动手实践，导致知识与能力的脱节。

2）讲授法容易使学员产生依赖和期待心理，从而抑制了学员学习的独立性、主动性、创造性。

3）讲授法源于传统的教师中心论，即教师是知识的象征，一切知识得由教师传授给学生，所以，这种方法在运用过程中也容易使讲授者产生重教轻学的思想。讲授者往往只考虑自己怎样讲得全面、细致、深刻和透彻，似乎只有这样，学员才能掌握得越多、越好。长此以往，就会产生心理定势，讲授者不讲就不放心，总觉得不讲学员就学不到东西，于是，注入式、满堂灌便应运而生，并愈演愈烈。而学员也不知不觉地形成了依赖心理，一切问题等待讲授者来讲解，特别是讲授者讲得越好，这种期待和依赖心理就越强烈。正是这种期待和依赖心理严重地削弱了学员学习的主动性、独立性、创造性。这是目前讲授法运用过程中普遍存在的问题。

2. 演示法

所谓演示法就是通过视频（图片）、实物或教具，配合所讲解内容，通过实物示范，从而说明或验证所传授的知识或技能。

（1）基本要求

1）提前准备所需要的视频（图片）、实物或教具等。

2）选择好位置或设备，让每位学员都能看清。

3）示范完毕后，让每位学员都根据所讲内容观察或模仿一遍。

（2）优点

1）有助于激发学员的学习兴趣。

2）可利用多种感官，做到看、听、想和问相结合。

3）有利于获得感性知识，加深对所学内容的印象。

（3）缺点

1）适用范围有限，不是所有的学习内容都能演示。

2）演示装置移动不方便，不利于培训场所的变更。

3）演示前需要一定的时间和精力做准备。

3. 讨论法

所谓讨论法，就是通过培训技师与学员之间或在培训技师的指导下学员之间围绕某一中心问题发表意见、讨论解决疑难问题。

（1）基本要求

1）每次讨论要建立明确的主题目标，并让每一位参与者了解这些目标。

2）要使学员对讨论的问题发生内在的兴趣，并启发他们积极思考。

3）在大家都能看到的地方公布议程表（包括时间限制），并于每一阶段结束时检查进度，公布讨论结果，培训技师要根据实际情况适当引导。

（2）优点

1）学员能够主动提出问题，表达个人的感受，有助于激发学习兴趣。

2）鼓励学员积极思考，有利于能力的开发以及培养团体合作能力。

3）在讨论中取长补短，互相学习，有利于知识和经验的交流。

（3）缺点

1）讨论课题的好坏将直接影响培训效果优劣。

2）学员自身的水平也会影响培训效果。

3）不利于学员系统地掌握知识和技能。

4. 视听法

所谓视听法，也叫多媒体教学法，就是利用幻灯、电影、录像、录音和计算机等视听教材进行培训。

（1）基本要求

1）使用前要清楚地说明培训的目的。

2）根据讲课的主题选择或制作合适的视听素材。

3）培训场所必须配备基本的多媒体设备。

（2）优点

1）由于视听培训是利用人体的感觉器官去体会的一种培训，所以比讲授或讨论给人更深的印象，并且教材内容与现实情况比较接近，不单单是靠理解，而是借助感官去理解。

2）生动形象且给听讲者以亲近感，所以也比较容易引起学员的关心和兴趣。

3）视听教材可反复使用，从而能更好地适应学员的个别差异和不同水平的要求。

（3）缺点

1）视听设备和教材的购置与制作需要花费较多的费用和时间。

2）选择与制作合适的视听教材不太容易。

3）受到视听设备和视听场所的限制。

5.案例分析法

所谓案例分析法，就是指把实际工作中出现的问题作为案例，交给学员研究分析，培养学员的分析能力、判断能力、解决问题及执行业务能力的培训方法，它的重点是对过去所发生的事情做诊断或解决特别的问题，比较适合静态地解决问题，如故障分析、设备选型等，在实际工作中，经常采用此法进行培训。

（1）基本要求

1）培训技师需提前确定案例应用的具体目的、内容、范围及对象。

2）从平常收集的资料中选择恰当的案例作为讨论的个案，个案的范围应视学员情况而定。

3）制订培训计划，确定个案的选择标准。

（2）优点

1）目标明确，有利于培训专门技能。

2）与实际接轨，有利于使学员参与企业实际问题的解决。

3）正规案例分析使学员得到经验和锻炼机会。

4）容易养成积极参与和互相学习的习惯。

（3）缺点

1）案例过于概念化并带有明显的倾向性。

2）案例的来源往往不能满足培训的需要。

3）对培训技师和学员要求较高。

理论培训的教学方法还有很多，在此不一一列举，各种方法具有各自的优缺点，培训技师在培训时，为了提高培训质量，应根据实际课程以及培训对象将各种方法配合运用，以求最好效果。

四、理论培训课程的讲授

授课，是一个复杂的过程，特别是对于来自企业的培训技师，即使专业知识及技能均达到较高的水平，但要想真正上好一节培训课程，是比较困难的，往往因为没有教学经验，出现一些意想不到的问题。

1.授课的基本要求

1）教学目的明确，从学员的实际出发，以教材内容为根据，达到教学目的，服务于企业生产。

2）培训方法适当，选择适合于教材内容和学员的培训方法，重点内容要突出，难点要突破。

3）讲课言语要清晰、生动，要使用普通话；板书、板画要清晰有序。

4）能充分发挥培训技师的主导作用和学员的主体作用，确保学员的学习积极性高。

5）培养学员分析问题和解决问题的能力及创造能力。

6）培训过程组织有序，计划性强。

2.新培训技师课堂讲授经常出现的问题及对策

（1）问题

1）紧张、慌乱、自信心不足。授课过程中，特别是不经常讲课的专业技术人员，往往会有一种紧张心理，这与他们的自信心不足有很大关系，特别是第一次讲课，往往出现过度焦虑、思维受阻、授课停顿、手足无措或丢三落四等现象。

2）不善于组织教学。培训过程中，有学员有意或无意违反课堂纪律时，他们往往不能采取有效措施加以控制，要么置之不理，要么停下课，直截了当地制止和批评。导致课堂教学中出现教学效果差、课堂气氛混乱等情况。

3）缺乏教学应变能力。由于经验不足，导致对课堂上的突发事件不能随机应变，做出恰当的处理，以致课堂上出现尴尬的局面，影响了教学活动的顺利开展。

4）经常发生"满堂灌"现象。培训技师总想在课堂上多讲点，总觉得自己讲得越多，学员也学得越多，结果一堂课下来，自己讲得很累，但学员还是不知道这堂课究竟讲了些什么。讲的内容过多，学员根本来不及归纳思考，反而出现"贪多嚼不烂，消化不良"的问题。

5）照本宣科。有些培训技师把书背得滚瓜烂熟，一堂课几乎把书本中的内容一字不漏地在课堂上背了一遍，这样反而失去了上课的意义。

6）时间不受控制。比如一节 45min 的课，可能不到 30min 就没有内容可讲了，或者下课铃响了，问题还没有讲完。

（2）对策

1）做好充分备课。有的培训技师不是对这门课（甚至整个专业）的全部内容都吃透后上讲台的，而是明天要讲什么内容他就去熟悉什么内容，准备多少就讲多少。不知道这节课在整个课程中占什么地位，会对以后的课程起到什么作用。这实际上是一种不负责任的态度，这样讲课，非但达不到前后贯通的效果，就连自己也可能讲到后面忘了前面。因此，培训技师在培训之前必须对这本教材的全部内容融会贯通，最好还要搞清楚本门课程与其他课程的相互关系。准备的内容就像是一桶水，而一堂课教给学员的只有一杯水，这样的备课才是充分的。这也是上好一节课的最基本要求。

2）强化自信心，克服紧张心理。加强自我心理调节，适当降低自我期望值，掌握一些自我心理调节的方法。对自己要求不要太高，不追求完美，不过于在意他人的评价，这样可以降低紧张感，抛弃杂念，以轻松的心态授课。

3）充分发挥学员的主体性，授课是双方交往、积极互动、共同发展的过程，培训者应由过去的传授者、组织者、领导组角色转变为学员学习的引导者、促进者、合作者的角色。

4）多试讲几遍，看看自己在一堂课内的讲授和备课是否合拍，看看一堂课的时间掌握得怎么样。

第二节　技能培训

培训目标

➢ 能够开展机器人操作、维护、编程和调试的技能培训

➢ 能够编写技能培训教案

➢ 能够采用各种教学方法开展技能培训

一、机器人操作、维护、编程和调试的培训要领

在工业机器人相关培训中，为了达到培训目的和效果，需要遵循如下要领。

1. 安全第一

要牢固树立"安全第一"的思想。在培训过程中必须严格执行各项安全管理制度，加强对学员进行安全生产教育，并把安全教育贯穿于整个培训过程之中，以培养学员预防事故的能力，提高学员安全生产自觉性。

要加强各项安全生产的措施。要根据学员的特点，规定不同的训练时间，注意学员劳逸结合；要配备必要的安全防护设施和用品。

要培养学员善于集中注意力，善于应用注意力的分配和转移。在培训中，除了要提醒学员高度集中注意力，还要善于把注意力分配到不同现象中。如一个操作工可能要同时观察几个机器人的运行；必要时注意力要进行适当转移，如正在集中注意力进行某一生产活动时，突然出现不正常的噪声。

2. 理论与实践相结合

要引导学员运用技术理论知识来指导实际操作，并在实际生产操作中加深对理论知识的理解，掌握本专业工种所必须具备的操作技能，并达到一定的熟练程度。

3. 严格训练与循序渐进相结合

对学员的要求必须从严，无论基本功训练还是综合实训，要求学员通过认真刻苦的训练，掌握正确的、标准的操作技能，同时也要正确对待每个学员的个体差异，根据学员的实际情况进行因材施教。

在严格训练的同时，需要与循序渐进相结合，要按照培训内容之间的逻辑关系、学员的认知规律和接受能力由浅入深、由简到繁、由易到难、由低级到高级逐步提高。

4. 培训与生产相结合

如果培训与生产实际需要相脱节，将会成为无源之水、无本之木，因此，在进行培训项目设置时，要与生产实际相接轨，培训项目应来源于生产实际。在开发培训项目时，要根据教学的需要进行适当的教学化处理，使之更容易开展教学。

二、技能培训常用教学方法

技能培训的教学方法与理论培训的教学方法类似，用于理论培训的教学方法同样也适用于技能培训，但因技能培训侧重点不同，因此，又有自己的一些独到的方法。

1. 示范操作法

示范操作法是直观性的教学形式，也是生产实习教学的极为重要的方法之一。在教学中，教师只讲不示范操作，学生很难掌握生产操作技能。示范操作具有直观、具体、形象且生动的特点，不仅易于学生理解和接受，而且便于学生把观察过的示范操作在头脑中重现，然后模仿练习。示范操作法可分为操作的演示、直观教具的演示和产品（实物）展示等。

2. 操作训练法

操作训练法是生产实习指导教师在生产实习教学中，指导学生应用专业理论知识反复进行实际操作的方法，是生产实习课中最基本、最常用的方法。根据培训项目以及学员情况的不同，分为基本操作训练、综合操作训练、独立操作训练三个阶段。

3. 实验法

学生在教师指导下，利用实验设备，在一定条件下观察事物表象的变化。学生在参与操作实验设备和在观察中获得的一定的直接经验和感性知识，就形成一定的操作技能和技巧，如培养电工就常利用实验法。

4. 参观法

参观法是根据教学目的组织学生对实际事物进行观察、研究，从而获得新知识或巩固验证已学知识的一种教学方法。

5. 观察法

观察是培养学生观察能力和思维能力的重要途径。在冶金、化、仪表等专业广泛采用这种方法，培养学生的观察和思维能力，以适应专业需要。运用此法时也要有重点，决不能漫无目的、走走过场。

6. 实习日志法

实习日志法是在实习期间写日记、生产实习记录或典型分析报告等，这是参观、实验等法的具体运用。通过记日记，促使学生在生产实习中多观察、多思考、多探索，并及时记下来以积累资料，提高技术水平。

三、技能培训教案的编写方法

技能培训教案是开展培训的基本保障，作为一名技师或高级技师，通过编写教案，可以让培训前的各项工作准备更充分，使教学更有针对性，避免出现"身有百般艺，却无从下手"的现象。

技能培训教案与理论教案的要求相差不大，但要注意如下问题：

1）技能培训与理论培训的步骤不完全一致。

2）技能培训与理论培训的教学方法不完全一致。

3）课时及时间跨度不一样，理论培训一般以两个课时书写一个教案，而技能培训以一个课时或一个课题来书写一个教案。

4）培训教案实例见表4-3。

四、技能培训的基本环节

技能培训课堂教学的典型结构由组织教学、入门指导、巡回指导和结束指导四个环节组成。

1. 组织教学

在生产实习教学过程中，组织教学是重要的一环。没有良好的学习环境和纪律，教学就不能顺利进行，教学任务就无法完成。尤其是在生产实习课入门指导前的组织工作，更为重要。组织教学的目的是使学生在思想上、物质上都做好上课准备。具体做法是组织学生听实习课，点名检查学生出勤情况，填写考勤簿，检查工作衣、帽、鞋等是否符合安全卫生要求等。在上课过程中，也需要做好各项组织工作，以便有计划、有组织地进行。任何类型的实习课，都必须做好组织教学工作。

2. 入门指导

每个课题或分课题授课开始，教师根据教学大纲和教材的内容进行指导，是向学生讲解理论知识和操作要求的过程。入门指导是一个课程的关键环节，其中包括检查复习、讲授新课、示范操作和分配任务四部分。

（1）检查复习 检查复习的目的，在于引导学生运用已学过的理论知识和生产操作技能，加强新旧知识和操作技能的联系，用以指导新课的实践。检查复习方法有问答法、作业分析法和讲述法等。

表4-3 培训教案实例

培训内容	工业机器人线性运动、TCP设定、重定位运动的手动操作	授课时间	年　月　日
授课地点	车间培训室	教学学时	12
教学目标	技能目标： 1.能够使用示教盒进行单轴、线性运动；2.能够使用仿真软件进行模型搭建		
	知识目标： 1.线性运动的概念；2.TCP的概念；3.坐标系的概念以及分类；4.重定位运动的概念		
教学资源	工业机器人实训设备、计算机、网络和投影仪等电教设备 材料准备：磁钉、油性笔、白纸等		
教学难点与重点	难点：TCP设定 重点：线性运动、TCP设定		
教学进程			
步骤	教学内容	培训方法与手段	时间分配
一、课前准备 二、复习旧课 三、新课程讲授	检查机器人设备是否正常，辅助教学设备是否正常 复习旧课，引入新课内容		课前准备
	1.介绍线性运动 　机器人的线性运动指的是机器人TCP沿着指定的参考坐标系的坐标轴方向进行线性移动，在运动过程中各轴根据情况会转动，但工具的姿态不变，常用于空间范围内移动机器人TCP位置，如下图所示，从P10点到P20点，机器人的运动轨迹是一条直线，其特点是工具姿态保持不变，只是位置改变 P10（起点）　　　　P20（终点）	讨论法	10min
	2.如何实现线性运动 　示范操作，培训者在设备上，通过示教盒进行线性运动的手动操作，通过示范操作，让学员真正理解什么是线性运动	讲授法	15min
	3.分组训练 　按照5人一组，每组逐个进行训练，要求每个学员都能熟练使用	示范操作法	15min
	4.增量模式	巡回指导法	20min
	……	……	……
作业			
课后体会	根据实际情况书写		

（2）讲授新课　在学生有了思想准备、物质准备、技术准备之后，生产实习指导教师开始讲解课题内容，目的在于使学生了解本课学习目的、重点、中心，掌握新知识、新技能。

1）明确课题的目的、任务、意义和要求，对图样的技术要求要进行必要的讲解。

2）对使用的机器设备、材料、工具等的基本知识要介绍清楚。

3）确定合理的工艺方案及工艺过程，讲清合理的操作方式、方法和如何防止操作中易出现的问题等。

4）注意贯彻安全文明技术操作规程，检查机械电器设备的技术安全准备情况，说明可能发生的故障及如何防止的方法。

（3）示范操作　它的作用是使学生获得感性知识，加深对学习内容的印象，把理论知识和实际操作联系起来。示范操作是重要的直观教学形式，也是实习教学的重要步骤，可以使学生直观地感受到所学的动作技能和技巧是怎样形成的。教师进行示范操作时，要组织好学生的观看位置，使每个学生都能看得清楚。教师的操作示范，要严格按照教材的要求进行，边示范、边讲解，使讲、做一致。可进行慢速演示、重点演示、重复演示和纠正错误的演示等。示范操作要求做到步骤清晰可辨，动作准确无误。必要时可请学生按要求做一次或讲一遍。

（4）分配任务　教师在讲解和操作示范后，要给学生分配生产实习位置和实习工件，并要求学生对自己使用的设备、工具、电器、材料和图样等进行全面检查，做好操作准备。

上述入门指导，讲解示范的内容，不是每课必讲，要根据不同课题的需要灵活运用。比如上新课时，讲解示范要细致些；在进行综合作业课题时，有时对所选典型工件的工艺分析要讲得多些，不做示范或只示范关键操作；对于独立操作训练，一般是启发学生自编工艺，自己研究应该注意的问题，再由教师重点提问或启示就行了。由于课题讲解与示范在一定程度上与专业课等有联系，因此生产实习指导教师在作课题讲解与示范时，必须做好课前准备，选择好恰当有效的教学方法，结合学生的接受能力写好教案，同时做好资料、工具、材料和设备上的准备。生产实习指导教师必须十分重视课题讲解与示范这个环节，切不可掉以轻心。不管在什么条件下上实习课，包括在校外企业进行生产实习，都应掌握好这个环节。

3. 巡回指导

巡回指导，是生产实习指导教师在对课题讲解与示范的基础上，在学生进行生产实习操作的过程中，有计划、有目的、有准备地对学生生产实习做全面的检查和指导。通过这样的具体指导，学生的操作技能和技巧不断提高。这个阶段的指导应根据不同级、不同水平、不同学习内容分别进行。这是生产实习教学的中心环节，所用时间较长，是学生形成技能、技巧的重要阶段。在这个阶段，生产实习指导教师主要是检查指导学生的操作姿势和操作方法，文明安全生产及产品质量。在指导中既注意共性的问题，又要注意个别差异。共性问题采取集中指导，个性问题个别指导。

4. 结束指导

结束指导指在生产实习课题教学结束时，或一课时实习结束时，由生产实习指导教师验收学生工件，检查学生在课程进行时，是否按文明安全生产要求，清扫现场和做好机器设备的维护保养。对于学生在整个生产实习中的各方面表现，进行考核和讲评，并布置必要的作业。它是对实习情况的总结，对学生起促进和鼓励作用。

测 试 题

1. 请根据课本中的样例，完善出"PLC 应用"课程大纲。

1）本题分值：20 分。

2）考核时间：40min。

3）考核形式：现场编写。

4）课程大纲考核标准见表 4-4。

表 4-4　课程大纲考核标准

考核内容	考核要求	配分	得分	扣分
培训学时	培训学时（含课程内容中的学时分配）制订是否合理，不合理扣 2 分，基本合理扣 1 分	4		
培训目标	培训目标是否符合企业及学员的需求，不符合扣 2 分	2		
课程内容	课程内容编排是否体现学习的渐进性，不体现扣 2 分；课程内容是否与目标吻合，不吻合扣 2 分；是否进行训练设备的准备，不准备扣 2 分；是否体现了教学方法，不体现扣 2 分	12		
其他	是否体现培训方式与考核方式，不体现扣 1 分；是否体现所需准备的教材及参考资料，不体现扣 1 分；是否体现与其他课程之间的关系，不体现扣 1 分。本项扣分，扣完 2 分即止	2		
合　计		20		

2. 请制订出"工业机器人基础训练"课程大纲，考核要求见表 4-3。

3. 根据课本中的样例，完善"工业机器人线性运动、TCP 设定、重定位运动的手动操作"讲义。

1）本题分值：20 分。

2）考核时间：40min。

3）考核形式：现场编写。

4）培训讲义考核标准见表 4-5。

表 4-5　培训讲义考核标准

考核内容	考核要求	配分	得分	扣分
培训目标	培训目标是否符合企业及学员的需求，不符合扣 3 分	3		
教学资源	教学资源是否考虑周全，不周全扣 2 分	2		
难点、重点	难点是否符合实际情况，不符合扣 2 分，重点是否突出，不突出扣 2 分	4		
教学环节	教学环节是否完整、全面、层次清楚，不符合，每项扣 2 分	8		
教学方法	教学方法是否合适，不合适，每处扣 1 分	3		
合　计		20		

4. 请制订"工业机器人维护"讲义，考核要求见表 4-5。

5. 结合工作实际，对工业机器人焊接系统（或其他系统）的编程思路及编程方法进行一次讲解和示范操作。

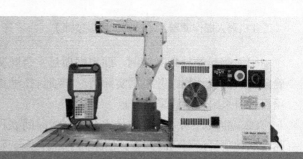

第五单元

管　理

第一节　现场管理

一、现场物料管理知识

物料管理概念的采用起源于第二次世界大战中航空工业出现的难题。生产飞机需要大量单个部件，很多部件都非常复杂，而且必须符合严格的质量标准，这些部件又从地域分布广泛的成千上万家供应商处采购，很多部件对最终产品的整体功能至关重要。物料管理就是从整个公司的角度来解决物料问题，包括协调不同供应商之间的协作，使不同物料之间的配合性和性能表现符合设计要求，提供不同供应商之间以及供应商与公司各部门之间交流的平台，控制物料流动率。计算机被引入企业后，更进一步为实行物料管理创造了有利条件，物料管理的作用发挥到了极致。

1. 物料管理的理论基础

一个小公司的发展可分为三个阶段，即完全整合、职能独立、相关职能的再整合。一个公司初创时，几乎所有的工作都是由总经理（通常是公司的所有者）或是组成领导小组的公司主要成员来完成的。随着公司的发展和壮大，公司业务量和工作人员逐渐增多，相应的职能逐步独立形成职能部门，例如，采购、仓储、运输、生产计划、库存控制和质量控制等职能都形成了独立的部门，并致力于专门的管理工作，公司业务上的分工也日益专业化。各职能部门独立后，各部门之间的沟通机会越来越少，于是部门之间的合作经常出现问题，矛盾一点点加深。如果能减少由于沟通和合作而产生的问题，把相互之间有密切联系的职能部门重新加以整合，公司就可以极大程度地受益。于是，与物料管理有密切联系的各职能部门被重新整合到一起，这种整合就是物料管理理论的基础。

2. 物料管理部门的职能范围

一般来说，物料管理部门的职能包括以下方面：

（1）物料的计划和控制　即根据项目主合同交货时间表、车间生产计划和项目技术文件等确定物料需求计划，并根据实际情况和项目技术更改通知等文件随时调整物料需求数量，控制项目材料采购进度和采购数量。

（2）生产计划　根据项目主合同交货时间表和材料采购进度编制车间生产计划，并根据实际情况和项目计划随时调整，使车间生产计划与项目主合同交货时间表保持一致。

（3）采购　根据车间生产计划对生产所需要的物料进行准确的分析，并制订完整的采购计划，严格地控制供应商的交货期和交货数量。

（4）物料和采购的研究　收集、分类、分析必要的数据以寻找替代材料；对主要外购材料的价格趋势进行预测；对供应商成本和能力进行分析；开发新的、更为有效的数据处理方法，从而使物料系统更加高效地运转。

（5）来料质量控制　即对供应商的交货及时进行来料检查，及时发现来料的质量问题以便于供应商有足够时间处理或补发产品，保证车间及时得到物料供应，保证发送到车间现场的物料全部是合格产品。

（6）物料收发　负责物料的实际接收处理、验明、通知质量做来料质量检验，以及将物料向使用地点和仓储地点发送。

（7）仓储　对接收入库的物料以正确的方式进行保管、储存，对储存过程中可能变质或腐蚀的物料，应按一定的防腐蚀和变质的方法进行清洗、防护、特殊包装和存放。

（8）库存控制　定期检查物料库存状况，加强物料进出库管理；随时掌握库存变化情况，发现任何异常（包括呆滞料，库存积压或零库存）情况，及时向采购通报。

当然，并不是所有公司的物料管理部门都包括上述所有职能。根据公司规模大小，公司业务性质不同以及公司不同发展阶段，物料管理部门的职能也不尽相同。

综上所述，可知与物料有密切联系的各职能部门被重新整合到一起，这种整合就是物料管理理论的基础，所以，物料管理较仓库管理的范围更为广泛，其中也包括仓库管理。

二、物料运作章程

为使物料管理运作有章可依、有依可循，杜绝运作中的物料漏洞，严格控制浪费，合理利用物料，有效节约成本。特制订此规章。

1. 企业成功的物料管理具备的条件

1）完善的管理制度。

2）科学的物料规划。

3）合理的激励机制。

4）有效的内稽、内控功能。

5）高素质的管理队伍。

2. 物料损耗率

为规范生产物料正常损耗，现制订物料正常损耗率：

1）订单生产物料原则上按工程 BOM 的用量为准，在制作 BOM 时增设正常损耗率一栏。

2）普通烤漆铁板，包括冷轧板、热轧板等，正常损耗率不能超过 1.5%。

3）普通烤漆铁管，包括圆管、方管、扁管、椭圆管和异形管等，正常损耗率不能超过 1.5%。

4）普通烤漆铁线，包括粉抽线、水抽线、冷拉线、扭花线、扁铁和方铁等，正常损耗率不能超过 1.5%。

5）普通紧固件，螺钉、螺母等，（特殊材料除外）正常损耗率为 1%，但采购必须要求供应商付备品 0.2%~0.5%。

6）普通 PE 胶袋及塑胶件，正常损耗率最高不能超过 0.8%，采购要求供应商付适当比例的备品。

7）拉伸铁板、不锈钢板、不锈铁板，正常损耗率不能超过 3%。

8）压铸件、气压表、车轮和木板等部件，正常损耗率不能超过 0.5%。

9）辅助材料，即没有列入 BOM 的辅助材料，如打包带、封箱胶纸、草球和打磨片等，暂不设损耗，按实际用量购置。

10）劳保材料，即劳动保护用品，如手套、口罩、眼罩、洗衣粉和防焊围裙等，不设损耗，按计划购买。

3. 物控管理

（1）物料的定义　物料广义上可理解为维持整个生产活动所需的用料，狭义上是指产品所需的原料、零件、包装材料等。

（2）物料请购

1）生产主物料请购。严格按照 BOM 上列明的物料名称、规格、数量进行请购，而公司规定有损耗率的物料，可允许超出 BOM 用量，加上 BOM 表损耗率一栏用量，但必须控制在公司规定的损耗率以内的正常损耗量，并监控好物料的使用情况。

2）生产通用料请购。指产品本身用到物料而 BOM 无法准确显示的物料，如油漆、焊丝、封箱胶纸等，由使用部门根据月（或半月）实际用量自行请购，负责生产及物料控制（Product Material Control，PMC）的人员，即物管人员监控审核。

3）生产辅助料、易耗品。根据不同客户产品品质的要求着情使用的物料，如胶水、前处理剂、溶液、气体、PE 围膜和保护焊枪头等，由使用部门根据月（或半月）实际用量自行请购，物管人员监控审核。

4）办公用品。所有办公人员使用的文具，如记录本、笔、报表等每月请购一次，即每月 24 日各车间统计员书面提报下个月的月用量经主管、厂长审批后交至厂长文员处，厂长文员统一汇总归类，并于 25 日制出请购单，经厂长签核呈副总经理批示后交采购处理。采购必须在下个月 1 号前到位。

5）机器设备。各部门的生产设备与机电设备，由部门主管与机电主管计划申请，厂长确认后呈公司副总经理、总经理裁决。

在各部领料时，只要能够以旧换新的必须以旧换新，如打磨片用后旧磨片，焊丝用完后的胶轮，封箱胶纸用完后的旧纸筒，使用后破损的手套，导电枪嘴用后的废枪嘴废卷尺，机器设备的废零件，由各发料仓管员严格把关，物管人员全程监控。

按照订单用量所领的物料用完后，仍然不能完成订单数量，由生产车间开出超额请购单，申请人签名，部门科长、主管确认，厂长审核后，交物管人员查核备案，然后呈副总经理批示由采购处理。同时，必须写清原因，包括以下几点：操作不当造成的；管理不善、浪费过大造成的；来料不良造成的；正常损耗造成的。

如果因前两项造成的补料，那么车间必须有主管领导审批签字的物料变更单才能补料；如果是第 3 项造成补料，由供应或上道工序承担；如果是第四项造成补料，由物管人员及采购接到超额请购单后及时处理。

（3）物料控制

1）物料控制的原理。

① 不断料，即避免使制造现场领不到要用的材料或零件。

② 不呆料，即让要用、可用的物料进来，不让不适用的物料闲置在仓库内不用。

③ 不囤料，即适量、适时的进料，不做过量、过时的囤积物料。

2）物料控制的五大原则。

① 适时（Right Time），即在要用的时候，很及时地供应物料，不会断料。

② 适质（Right Quality），即进来的物料或发出的物料，品质是符合标准的。

③ 适量（Right Quanlity），即控制好来料，满足生产用料需求，防止断料、呆料发生。

④ 适价（Right Price），即用合理的成本取得所需的物料。

⑤ 适地（Right Piace），即从距离最短，能达最快速的供料商供料，及时服务生产。

3）监督生产线物料使用状况，对不良现象及物料浪费立刻提出改善并跟进改善状况。

4）对生产线物料异常处及合理调配，确保生产顺畅。

5）监控货仓及生产线的盘点工作并参与复盘工作。

4. 仓储管理

（1）仓库管理三大原则

1）账、卡、物一致原则。在货仓管理中，账、卡、物一致原则是其中最重要的一项原则，是进行成本核算，财务统计和物料控制的基础。

2）定点定位原则。一种物料只放置一个地方，且只能有一个尾数，这就是定点定位。

3）先进先出原则。先进仓物料先出仓，这是保证物料品质的一项重要原则。

（2）仓储制度

1）物料按实际要求将内部划为若干区域，张贴标识牌，并注明名称、规格、良品与不良品。

2）物料的存储按物料的类别加以区分。

3）物料区有固定的物料架，区域外另有若干周转区以利届时做出相应的调整。

4）物料区的任何物料不可放在地上，必须放在物料架或叉板上，放在叉板上的物料高度不可高过 2m，一定要放置整齐，且标明物料名称、规格、编号及数量。

5）不合格物料放置不良品区。

6）仓管员必须做到"收有凭，发有据"。任何作业如果手续不全，可拒绝受理。

7）物料收发时必须做相应的登记，且手工账和凭据一定要相符。

8）仓管员必须不定期对仓存物料进行盘查，发现账目不对时应及时处理。

9）禁止非物料人员未经允许随意进入物料区乱翻私拿物料。

10）物料室严禁烟火，物料区随时做好安全防范工作，做到防火、防水、防腐、防盗、防潮及防生锈。

11）仓管员必须对每天的进料做好标识，做好累计表。

12）每天下班前进行对账，如果发现账目有错误，及时修正确保数据的准确性，当天的帐于当天完成。

13）仓管员必须妥善保管好自己的单据和凭证，保管时间最少为二年。

14）搬运物料时必须轻拿轻放，堆放整齐，一般不可高过 2m，堆放原则"上轻下重、上小下大"，严禁超高。

15）仓管员必须妥善保管好自己所使用的文具、工具。

5. 仓存期限

仓存期限说明见表 5-1。

表 5-1 仓存期限说明

类别	年限	备注
化工类	半年	
五金类	二年	
塑料类	三年	
包装类	二年	防潮湿、暴晒
贴纸（FCC）类	半年	
木器类	半年	通风处保存
橡胶类	三年	
传送带类	一年	
电器类	二年	防静电
成品类	半年	
劳保类	半年	
油类	三年	
其他类	一年	

注：

1. 机器配件类、工具类属生产辅助材料，油类、劳保类属消耗性材料，以生产商提供保质期为主。

2. 免检物料以厂商检验报告的质量为准，储存条件则适用物料储存期限管制办法。

3. 未涵盖的材料归其他类。

4. 客供料除客户规定保质日期和特别管制外，也适用物料储存管制办法。

5. 所有物料超过储存期限时，需经品检重新检验确认其状态。

6. 超过储存期限的物料需经品检判定合格后方可上线或出货。

7. 各物料的储存条件在相对干湿度 60%~90% 范围内，如果超出正常范围及时改善储存条件。

仓管员应对生产排期需求物料进行管控，尽可能将需求料品控制在生产前两天进料；对库存物料，应在日常收、发料与盘点时进行了解，对已超出储存期限的物品应依物料监审程序、库存料品未异动报表及时提报，并通知品管人员依鉴定结果重新标识，对变异不堪之物料由相关部门领导确认批示后，仓管员按批示做相应处理。

第二节 应用技术管理

一、现场设备管理知识

1. 设备管理概述

（1）设备定义 实际使用寿命在一年以上，在使用中保持其原有实物形态，单位价值在规定限额以上，且能独立完成至少一道工序或提供某种动能的机器。

（2）设备全过程管理　设备全过程管理就是对设备的规划、设计、制造、选型、购置、安装、调试、使用、维修、改造、更新直至报废的全过程所进行的技术、经济的综合管理。

实现设备全过程管理，就是要加强全过程中各环节之间的横向协调，克服设备制造单位与使用单位之间的脱节，提高设备的可靠性、维修性、经济性，为提高设备综合效率创造条件。

（3）设备实物形态与价值形态管理　设备有两种形态，即实物形态和价值形态。

1）设备的实物形态管理（现场管理）。设备从规划、设计、制造、选型、购置、安装、调试、使用、维修、改造、更新直至报废的全过程即为设备实物形态运动过程。设备投入使用后，由于物理和化学的作用而产生磨损、腐蚀、老化等，使设备实物的技术性能逐渐劣化，因而需要修复与更新。设备实物形态管理就是从实物形态运动过程，研究如何管理设备实物的可靠性、维修性、工艺性、安全环保性及使用中对发生的磨损、性能劣化进行的检查、修复等技术业务，其目的是使设备的性能和精度处于良好的技术状态，确保设备最佳的输出效能。

2）设备的价值形态管理（账目管理）。新购置的设备，经安装调试合格投入使用前，其价值形态表现为财务账面上的原值。投入使用后，一方面，设备运行需要资金的继续投入；另一方面，通过折旧，使它的价值逐渐转移到产品成本中去，通过产品销售予以回收，表现为原账面价值的减少，即设备的净值逐渐降低。当设备不再继续使用或报废，通过出售，回收部分剩余价值或残值。

设备价值形态管理就是从经济效益角度研究设备价值的运动，即新设备的投资及设备运行中的投资回收，运行中的耗损补偿，维修、技术改造的经济性评价等经济业务。其目的就是使设备的寿命周期费用最经济，实物形态是价值形态的载体，价值形态是实物形态的货币表现，二者既对立又统一。设备综合管理的实质就是设备实物形态管理和价值形态管理相结合的管理，以追求提高设备综合效率和寿命周期费用最经济为目标。

2.设备管理的方针、原则、主要任务

（1）设备管理的方针

1）以效益为中心，坚持依靠技术进步，以促进生产经营发展和预防为主；以效益为中心，就是要建立设备管理的良好运行机制，积极推行设备综合管理，加强企业设备的优化组合，确保企业设备的保值增值。

2）依靠技术进步。一是适时进行设备更新；二是运用高新技术对老旧设备进行技术改造；三是推广设备诊断技术、计算机辅助设备管理等管理新手段。

3）促进生产经营发展。就是要正确处理企业生产经营和设备管理的辩证关系。

4）预防为主。就是企业为保证设备综合效率，防止设备非正常劣化，在依靠检测、故障诊断等技术的基础之上，逐步向以状态维修为主的维修方式上发展。

设备制造部门应听取和收集使用单位的信息资料，不断改进设计水平，提高制造工艺水平，转变传统的设计思想，逐步向"无维修设计"目标努力。

（2）设备管理的原则　设计、制造与使用相结合；维护与计划检修相结合；修理、改造与更新相结合；技术管理与经济管理相结合；专业管理与群众管理相结合。

1）设计、制造与使用相结合。指设备制造单位在设计的指导思想上和生产过程中，必须充分考虑寿命周期内设备的可靠性、维修性、经济性等指标，最大限度地满足用户的要求。用户正确的使用设备，在使用过程中，及时向设备的设计、制造单位反馈信息。

2）维护与计划检修相结合。这是贯彻"预防为主"的方针，保证设备持续安全经济运行的重要措施。

3）修理、改造与更新相结合。这是提高企业技术装备素质的有效措施。修理是必要的，但不能一味地追求修理，否则会阻碍技术进步，经济上也不合算。企业必须依靠技术进步，改造更新旧设备，以技术经济分析为手段，进行设备大修、改造、更新的合理决策。

4）技术管理与经济管理相结合。技术管理包括对设备的设计、制造、规划选型、维护修理和更新改造等技术活动，以确保设备技术状态完好和装备水平不断提高。经济管理是指对设备投资费、维持费、折旧费的管理，以及设备的资产经营、优化配置和有效营运，确保资产的保值、增值。

5）专业管理与群众管理相结合。要求建立从企业领导到一线工人全员参与的设备管理体制，实行专群结合的全员管理。全员管理有利于设备管理各项工作的广泛开展，专业管理有利于深层次的研究，两者结合有利于实现设备综合管理。

随着市场经济和现代企业制度的建立和完善，应推行设备综合管理与企业管理相结合，应实行设备全社会管理与企业设备管理相结合。

（3）设备管理的主要任务　以提高企业竞争力和企业生产经营效益为中心，建立适应社会主义市场经济的设备管理体制，实行设备综合管理，不断改善和提高企业装备素质，充分发挥设备效能，不断提高设备综合效率和降低设备寿命周期费用，促进企业经济效益的不断提高。

3. 设备管理的基本要求

通过技术、经济、组织措施，对设备进行综合管理，做到综合规划、合理配置、择优选购、正确使用、精心维护、科学检修、适时更新与改造，保持设备处于良好的技术状况，不断改善和提高装备素质，使设备寿命周期费用最经济，为公司的生产发展、技术进步、经济效益服务。

4. 衡量设备管理水平的标志

设备管理工作涉及资金、物资、劳动组织、技术、经济和生产经营目标等各方面，要检验和衡量各个环节的管理水平，必须建立和健全设备管理的技术经济指标体系，它可以定量评价设备管理工作的绩效，因此，设备技术经济指标是衡量设备管理水平的标志。

（1）技术指标

1）设备利用率 = 实际作业台班 / 制度台班 ×100%。

2）设备完好率 = 设备完好台日数 / 设备制度台日数 ×100%。

3）设备大修理计划完成率 = 实际完成大修理台数 / 计划大修理台数 ×100%。

4）设备综合效率 = 时间开动率 × 性能开动率 × 合格品率。

5）完全有效生产率 = 设备利用率 × 设备综合效率。

（2）经济指标

1）设备新度系数 = 年末设备净值 / 年末设备原值。

2）设备资产保值增值率 = 年末设备总净值 / 年初设备总净值 ×100%。

3）投资回收期 = 投资总额 /（年均利润 + 年均折旧）。

4）净资产收益率 = 年均利润 / 设备净值 ×100%。

（3）常用考核指标　包括①设备利用率；②设备完好率；③设备大修理计划完成率；④无重大、特大设备事故；⑤设备新度系数；⑥净资产收益率。

5. 设备前期管理

根据设备综合管理理论，企业应实行设备全过程管理，即从设备的规划直至报废的整个过程的管理，这个过程一般分为前期管理和使用管理两个阶段。企业设备前期管理的主要内容包含设备的规划、选型与购置、验收、安装与调试等。

（1）设备规划　设备规划又称设备投资规划，是企业中长期生产经营发展规划的重要组成部分。设备投资规划的制订，必须建立在充分调查、论证的基础之上，必须要以市场为导向，以生产经营活动为中心。制订和执行设备规划对企业新技术、新工艺应用，产品质量提高，扩大再生产以及其他技术措施的实施，起着促进和保证作用。因此，设备规划的制订必须首先由企业生产部门、设备管理部门在全面执行企业生产经营目标的前提下，提出规划草案，经组织相关职能部门讨论、修改整理后，送企业领导办公会议讨论批准即成为正式设备规划，并下达设备管理部门执行。

（2）设备选型与购置

1）选型的基本原则。生产适用所选购的设备应与本企业生产及扩大再生产规模相适应。技术先进在满足生产需要的前提下，要求设备的技术性能指标保持先进水平，以利于提高产品质量和延长设备技术寿命，并满足 HSE（健康——Healthy、安全——Safety、环境——Environment）的要求。经济合理要求设备价格合理，在使用过程中能耗、维护费用低，并且投资回收期较短。

2）选型应注意的问题包括：设备的生产效率、设备的工作精度、设备的能耗指标、设备的可靠性与维修性、设备的安全性与环保性、设备的配套要求、设备主要零部件的互换性、设备操作性、设备操作技术要求、设备的经济性、设备的交货期及售后服务条件。

3）设备购置。设备的购置分为两种情况：一是对于单台设备价值较低的设备，通过调研、选型分析后，直接与制造商或经销商签订合同；二是对于价值较高的设备，要求采用招标的方式，进行采购。

设备的招标分为三种方式：

① 公开招标。公开刊登招标广告，含国际竞争性招标和国内竞争性招标。

② 邀请招标，即不公开刊登招标广告，根据事前的调查，对国内有资格的经销商或制造商直接发出投标邀请。

③ 议标（又称谈判招标）。它是非公开、非竞争性招标，由招标人物色几家厂家直接进行商讨招标。

4）合同谈判。设备购置要签订合同，合同要严格遵守《中华人民共和国合同法》和有关规定，对方应有法定代表人的授权委托，经双方签章（加盖合同专用章）、签字后，才具有法律效力。国内合同的主要内容为：设备名称、规格型号，数量和质量，合同价格及付款方式，交货期限及交货地点、运输方式及费用，违约责任，未尽事宜的解决方式，附件，如技术协议及售后服务承诺。

订货合同签订后，设备在制造过程中，要对关键部位和关键环节做好监造工作，要求厂家做好设备制造的过程控制。

（3）设备验收　设备货验收包括设备出厂前的验收和设备到货后的验收两部分。

1）设备出厂前的验收。主要是针对重要设备而言，在工程工期非常紧张的情况下，为了保证设备正点投入使用，在设备出厂前，派遣专业技术人员到厂家进行初步验收，并监督发货情况。这样尽可能避免设备零部件的错发和漏发，尽可能避免货运装车、封车不规范而造成的设备损坏，为设备正常安装提供保证。

2）设备到货验收包含设备到货的及时性和设备完整性两方面：

① 设备到货的及时性，即不允许提前太多的时间到货，否则设备购买者将增加占地费、保管费以及可能造成的设备损坏；不准延期到货，否则将影响工程的工期。

② 设备完整性，即设备到货的交接及保管工作；组织相关部门验收，按照设备装箱单，对设备及设备部件、备件、技术资料进行清点，做好清点记录，仔细检查设备有无损伤，有损伤的部位要做好损伤检测及记录工作；有损伤的设备要做好索赔工作；填写到货验收记录。

（4）设备安装与调试 车间、预制厂设备安装定位的基本原则是满足生产工艺的需要及维护、检修、安全、工序连接等方面的要求，具体考虑下列因素：适应工艺流程的需要；保证最短的生产流程，方便工件的存放、运输；满足设备维护、维修、安全操作的需要；平面布置排列整齐、美观。设备基础严格按照基础图样施工，安装好预埋件，并做好基础的验收工作。

1）设备安装主要内容包括：制订安装工作流程，清洗设备，安装地脚螺栓，安装垫铁，设备就位调整，安装验收。

2）设备调试。设备调试主要内容包括：空载试运行；静负荷试运，指含额定负荷试运行和 1.25 倍超负荷试运行；动负荷试运行，指 1.1 倍额定负荷试运行。

3）设备交付使用验收。需要进行安装与调试的设备，试运行完毕后，由使用单位设备部门牵头，会同技术部门、质量安全环保部门、安装单位对整个设备的安装与调试工作予以验收，合格后在验收单上签字认可，并填写设备安装与调试验收移交记录。对于不符合项，要求安装单位限期整改，整改完毕后按以上程序重新组织验收，直到安装调试验收合格为止，最后由使用单位设备部门编写设备安装验收报告。

6. 设备使用管理

（1）设备入库与调拨管理 设备购置完毕后，应及时办理入库手续。办理入库手续需附上领导批复报告或公司设备部门、财务资产部门联合签发的设备准购证，同时办理资产调拨手续。为了提高办事效率，简化工作流程，公司设备部门可将设备入库单和设备调拨单二合一。

（2）设备台账与档案管理 设备办理入库后，要及时按照《机械设备管理标准》要求，建立设备台账与设备档案，内容要齐全，资料要规范。同时，将设备相关信息录入公司物资装备管理网中，便于公司及时掌握设备的技术状况，掌握设备的使用状况与分布，便于对设备进行有效管理。

（3）现场设备管理组织机构与制度 抓好现场设备管理工作，一要靠组织，二要靠制度。首先，应按照上级主管部门及机械设备管理标准的要求，建立设备管理组织机构，合理配备设备管理人员和设备维修人员，只有组织落实，人员到位，才能较好地开展设备管理工作。其次，应建立设备管理制度，现场设备管理应建立以下基本制度。

1）机长负责制。实行机长负责制，是全员设备管理的重要体现；建立设备管理机长负责激励机制，明确机长的职责、义务，明确奖惩规定，是管好现场设备的有效途径。

2）"三检制"。要求设备操作人员在设备开机前、设备运行中、设备关机后对设备进行检查，通过例行检查，及时排除隐藏的设备故障，防止设备故障扩大。

3）定期检查制度。现场设备管理人员定期对设备的技术状况与运行状态进行检查；检查设备操作人员，是否按照设备操作与保养规程，操作保养设备；机长是否认真负责，认真填写设备运转记录等。

4）定期评价设备技术状况制度。定期评价设备技术状况，是现场设备管理的一项重要内容，也是设备、设施及工作环境管理程序及设备、设施完整性管理程序的一项重要内容，评价后应填写设备技术状况评价表。

（4）现场设备标牌管理及设备本体与周围环境

1）对设备本体的要求。

2）摆放整齐、表面清洁、润滑良好、安全接地。

3）零部件、附属装置齐全，紧固、调整、防腐好。

4）对设备周围环境的要求。

5）焊机房内应无管件、弯头、配件，地面无尘土，焊机上无放置焊条、面罩、砂轮片等工具物品；把线盘整齐，挂放有序，面罩、焊条、保温筒等放置整齐。

6）卷板机槽内应及时清扫，槽内、机体上应无氧化铁，无尘土、无积水。

7）剪板机前后应无成料、废料，周围应无杂草、垃圾，保持环境清洁。

8）剪板机、卷板机应做到工完、料尽、场地清。

9）其他独立作业的设备应放置在平坦，无杂草、无杂物，地势较高的坚实水泥或砂石地面上工作，禁止设备在倾斜状态下作业。

（5）电焊机的使用

1）电焊机应放置在电焊机房内。电焊机房应安全接地，因局部作业需将电焊机露天作业的，应做好防晒及防雨雪措施。电焊机把线应使用标准把线，截面积不得小于 $35mm^2$，接地线应使用铜导线连接，把线、接地线禁止用铝线代替。

2）接地线与平台、装置之间的搭铁连接，应使用宽度 50mm 的扁铁，平台搭接不得使用钢筋或圆钢代替。

3）电焊机接线应全部采用终端连接，把线之间连接也应使用终端，用绝缘胶布包扎完好。

4）禁止将电焊机把线盘缠绕在一起作业。

（6）设备防护管理

1）电气仪表调校设备应做到进房作业。

2）对于无法进房作业的设备，应做好防雨雪措施，例如使用篷布遮挡，篷布大小以能完全遮住设备为基准。

3）禁止设备在篷布覆盖的情况下作业。

4）闲置设备应集中存放，并进库或进棚，在无库、无棚情况下，应放置在坚实的水泥或砂石地面上，下面用道木垫起，禁止放置于泥土之中或直接放于地下，上面用篷布遮盖，篷布大小以能完全盖住全部的闲置设备为基准。

5）闲置设备存放前应进行一次全面的维护保养。

6）剪板机应搭设防护棚，卷板机应制作可移动的轮式活动罩，卷板机操作台应制作保护箱，以使卷板机受到保护，防止损坏。

二、车间技能人员管理知识

企业始于人，止于人，所有活动都是由人操作的，所以各个阶层的主管人员必须重视人。对人才的重视，主要体现在五个方面：知人、选人、育人、用人和安人。时代在更新，对人才的管理不能仅停留在传统的用人之道上，要探索新型的车间人员管理模式。

1. 建立新型的上下级绩效伙伴关系

（1）管理和领导的区别 管理和领导具有本质上的区别。人不是管出来的，是领导出来的。因此，对人尽量少谈管理，多谈领导。

如果对人采用管理的方式，既管人又管事，很容易出现官本位的思想。而领导则不一样，衡量员工的两个维度分别是工作能力和工作意愿，通过导，可以提升员工的工作能力；通过领，可以激发员工的工作意愿。通过岗位的 KPI 指标理解这种关系，即可以通过工作指导提升员工的工作能力，通过工作激励提升员工的工作意愿。员工的工作能力、意愿提高了，岗位的 KPI 指标就完成得较好，也就汇集成整个部门或车间 KPI 的完成。

因此，新型的上下级的绩效伙伴关系是一种领导关系而非管理关系。

（2）识别员工的类别与发展阶段

1）员工的类别，如图 5-1 所示。根据员工的工作能力和工作意愿，可以把员工分为四大类：

① "人财"。工作能力强、工作意愿高，称为 "人财"，给企业创造利润，是增值人员。

② "人才"。工作能力较弱、工作意愿很高，称为 "人才"，但是还没有直接给企业创造效益。

③ "人在"。工作能力强、工作意愿较差，称为 "人在"。

④ "人灾"。工作能力和工作意愿都很差，称为 "人灾"。

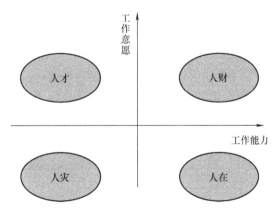

图 5-1 员工的类别

2）员工所处的四个发展阶段 如图 5-2 所示，分别为：

① 热情高涨的初学者（D1）。初学者是指刚刚参加工作的人，对新工作热情很高，信心十足，非常愿意从事这项工作，处于新鲜期。

② 憧憬幻灭的学习者（D2）。学习者从事工作以后可能会遇到一些失败、挫折，有的人就会感到原来的期望破灭，想要打退堂鼓，处于彷徨期。

③ 有能力但谨慎的执行者（D3）。如果员工能从第二阶段过渡到第三阶段，继续努力学习，其能力就能提高。但此时其能力还不是十分强，工作时的情绪波动会比较大：如果工作比较顺利，热情就比较高，信心十足；一旦遇到挫折，马上又会变得比较保守和谨慎，处于谨慎期。

④ 独立自主的完成者（D4）。此时员工的能力已经非常高，自信心、积极性也大为增强，处于授权期。

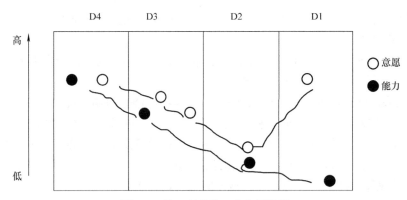

图 5-2　员工所处的四个发展阶段

3）选择合适的领导风格。①与员工能力相对应的领导模式。与员工能力相对应的领导模式有两种，第一是指导活动，包括计划（Structure）、组织（Organization）、教练（Coach）和督导（Supervisor）。第二是支持性活动，包括鼓励（Encourage）、倾听（Listen）、询问（Ask）和解释（Explain）；②不同发展阶段员工能力对应的领导模式如图 5-3 和图 5-4 所示。

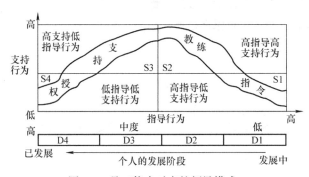

图 5-3　员工能力对应的领导模式 1

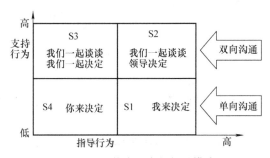

图 5-4　员工能力对应的领导模式 2

如图 5-3、图 5-4 所示，针对处于不同阶段的员工，应采取不同的领导模式：针对处于第一阶段的员工（D1），应以指导为主，支持为辅，即指令型领导模式。

针对处于第二阶段的员工（D2），应高指导、高支持，既要提供指导，又要提供支持，即教练型领导模式。

针对处于第三阶段的员工（D3），应高支持、低指导，即支持型领导模式。

针对处于第四阶段的员工（D4），应低指导、低支持，即授权型领导模式。语言不同，给他人带来的结果就会不同。作为车间主任，要想正确处理工作中出现的问题，必须事先对员工进行正确识别。

2. 做好员工激励

车间主任可以调配的资金资源非常有限，激励员工有一定的难度。所以除了薪酬激励外，还应存在一些非物质方面的激励。

（1）薪酬激励 薪酬激励措施的效果是有衰减效应的。例如，如果一个人的月薪是 2000元，突然涨到 4000 元，激励效果就会非常好；而如果一个人的月薪已经 1 万元，再增加 20%，激励效果也会大打折扣。

（2）影响力激励 对于企业来讲，激励手段有很多，如营造良好的现场环境。对于车间主任来说，对员工的激励则更多来自个人的影响。

具体来说，车间主任的影响力主要体现在四个方面：自己是一个专家，要得到别人的承认和信服，发挥自己的影响力；自身要做到公平、公正，以身作则；合理安排工作任务和工作量；安排有挑战性的工作给需要快速成长的员工，以便其找到发展空间。

（3）自我价值激励 每个员工在企业中都有一个需求，就是价值被认同，即马斯洛五个需求层次理论中的社会需求。作为车间主任，要学会多表扬和赞美下属，尤其是对一些做出突出贡献的员工，应该在公开场合进行及时的肯定和表扬。

这项工作不需要投入资金成本，只需要投入工作的细心和热诚。例如，这段时间发现小张工作效率得到了很大提高，值得学习，就可以在他的班组或现场对其进行表扬，效果会比薪酬激励更加明显。

3. 管理层培养

（1）培育部属的能力 不管职位高低，只要是企业的管理人员，都必须承担培养下属的责任。

1）做好教育训练工作。教育人需要很多方法和技巧，不是每个人都可以完全胜任培养下属的工作，所以管理者要通过不断训练提高这方面的能力。教育训练的工作可从三个方面进行：

① 每个部门都要按照管理员、操作人员、新员工的不同情况安排培训计划。

② 安排训练课程时，要求学员参与，触动并启发他们，让每个学习者都能提出问题，甚至把身边的案例拿来共同研讨。

③ 训练讲师要准备充分的课程内容，了解学习者的背景，提高学员的注意力，不断检讨与改进。

2）对员工进行工作教导。对员工进行工作教导可以从四个方面着手：

① 制订训练预定表，内容包括产品的变动和人员的调动。

② 做好训练计划，包括训练哪些人、何种工作、起止时间等。

③ 准备与教导有关的物品。

④ 遵循口授、示范、实际操作和追踪指导的教导步骤。

3）培养新进人员。培养新进人员主要从七个方面着手：

① 消除陌生和恐惧感。

② 表示欢迎，帮助其尽快融入企业文化。

③ 介绍部门状况、工作内容和相关领导。

④ 安全教育（三级安全教育）。

⑤ 上岗前的实习。

⑥ 有计划的工作教导。

⑦ 制订职业生涯规划。

4）培养基层干部。基层干部是企业最基层的骨干，其能力强弱直接影响到企业的作战能力。生产主管在选拔基层干部时，需要考虑四个因素：

① 物色对象的基本素质，包括学历基准，可塑性、专业技术、人际关系、活动能力、责任感、工作态度、信心水平、健康程度，资历等。

② 多与储备人选接近，以增进彼此感情，如请假或不在时试着由他代任主管，让其协助对新进员工的指导，有机会让他了解干部日常工作，开会时尽量让他有发言机会，工作上严格要求等。

③ 使部属有责任感，如给他明确而不啰唆的工作指示，给他适当的压力并经常检查，一经委任就不过多干涉，协助他拟定工作目标并协助完成，适当地鼓励或惩罚等。

④ 在职训练（On the Job Training，OJT），是训练下属最常用且最有效的方法。以计划性、持续性培育下属的 OJT 有五项基本原则：从基础开始做起；学会简单的工作后再开始学习复杂的工作；让新人实际操作；让新人勇于发问；不要吝啬你的关心。

指导培育下属成长，应把握好四项重点，即以教育为主、以见习为主、以体验为主和以动机为主。

5）传达能力。主管对下属传达指示时，必须将指示的动机及要点一并让下属知道。传达有五个要领：

① 必须告诉下属工作目的、工作意图、工作范围和日期，让下属明白为什么要做这项工作以及工作的重要性，最终目的在于主管与下属能够对工作状况达成共识。

② 必须告诉下属将任务交给他的原因，并且明确指出对下属所抱的期待。年轻下属的自尊心比较强，非常需要上司的认同和肯定。

③ 必须考虑下属的工作能力以及下属的经验、性格、年龄等因素，才能决定给予其发挥的空间。下属总是希望在工作上能得到自由发挥，在执行上能获得较大的自主权。

④ 要以简单明了的方式下达指示。指示的内容必须完整清楚，不管是谁听了都不会产生疑问，才是最正确的指示方式。简单明了的指示一般包括五个要素，人、事、时间、地点和怎么做。

⑤ 下达较为复杂的命令时，最好让下属做笔记、重述命令，或者让下属发问，确认其了解程度。此外，主管也可以在纸上写下这些复杂的命令，让每位下属都能看明白。

6）沟通能力。沟通的基本原则包括：准确性原则、完整性原则、及时性原则、策略性原则、非正式组织沟通的运用原则。

人们在聆听时常会出现被动的聆听（听而不闻或有所不闻），注意力分散（形在心不在），偏见和固执（只听自己愿意听的），急于得出结论或表达自己的观点（未听明白就发表见解）等问题，所以必须提高聆听和接收信息的技巧。具体来说，沟通中信息接收的方法与技巧应注意八个方面：使用目光接触；展现赞许性的点头和恰当的面部表情；避免表示分心的举动或手势；适当提问；复述；避免随便打断对方；多听少说；使听者与说者的角色顺利转换。

（2）克服沟通障碍的方法　克服沟通障碍常用的方法有六种，包括：

充分运用反馈；驾驭语言与词汇；积极使用非言语性的提示；减少和消除语言与非语言表

示之间的差异；选择合适的时间和正确的地点；营造恰当的气氛和安排合理的沟通顺序。

（3）沟通对象的选择 沟通对象的选择，如图 5-5 所示。

图 5-5 沟通对象的选择

（4）沟通能力的培养 培养沟通能力，需要从两个方面入手：

1）做好沟通管理，包括塑造自己的管理威信，运用尊重组织的原理，建立良好的沟通渠道，建立深厚的工作情感。

2）把握沟通要领，包括学会倾听、学会赞美、心平气和、能够变通、表达清楚和语言幽默。

车间管理是生产型企业的中心，车间人员管理水平，直接影响产品的质量、成本、交货期等各项指标的完成。伴随着微利时代的到来，在组织结构趋向扁平化的今天，车间人员的管理在企业中将扮演更加重要的角色。制造干部承担着车间管理和生产过程控制的重任，需要有效管理现场的进度、质量、成本和人员等要素，还需协同其他部门共同处理现场的各种问题。

第三节 制订保养方案

设备在使用过程中，应经常性的进行维护保养，尽可能地保持设备的精度和性能，延长设备的使用寿命。设备维护保养就是对设备的技术状态进行经常的检查、调整、处理。

一、三级保养制

我国在总结计划预修制的基础之上，提出并逐步完善起来的一种以保养为主，保修结合的保养修理制。三级保养制将经常性的进行维护保养工作分为日常维护保养、一级保养、二级保养等三种级别的保养。

1. 日常维护保养

日常维护保养简称日保或例行保养。它是操作工人每天必须进行的保养，主要内容包括：班前班后检查，清洁设备各个部位，检查润滑部位，使设备经常保持润滑清洁；班中认真观察、听诊设备运转情况，及时排除小故障，并认真做好交接班记录。

2. 一级保养

一级保养简称一保或定期保养。这是一项有计划定期进行的维护保养工作。它是以操作工人为主，维修工人为辅，对设备进行局部解体和检查，清洗规定的部位，疏通油路，调整设备各个部位配合间隙，紧固设备的各个部位等一系列工作。一保完成后应做好记录并由设备员组织验收，一保的主要目的是减少设备故障，消除隐患。

3. 二级保养

二级保养简称二保。这是以维修工人为主，操作工人参加，对设备的规定部位进行分解检查和修理。其除一保内容外，还要对设备进行部分解体检查修理，以及更换磨损件，对润滑系统清洗、换油，对电气系统进行检查和修理。二保完成后，维修工应详细填写检修记录，由设备员和操作工人验收，检修记录交设备员存档。二级保养的目的是使设备达到完好标准，延长大修周期。

二、设备点检制

设备点检制是日本全员生产维修（Total Productive Maintenance，TPM）中的一项内容。这种制度将维修管理的重心由保养转移到了检查，可使设备的异常和劣化能早期发现，避免因突发故障而导致的损失，它代表了保养修理制的最新发展阶段，在这里做简单介绍，仅供参考。

所谓点检制，是指为了维护设备所规定的机能，在规定的时间内，按规定的检查标准、内容和周期，由操作工、专业点检工或专业技术人员凭感觉和简单测试工具，对设备进行检查，并依据标准判断设备的技术状况和决定维护检修工作的设备维护管理制度。

点检工作一般分为日常点检和定期点检两类。日常点检主要由操作工进行，定期点检主要由专业点检工负责，操作工配合，这种点检经常是连检带修。为做好点检工作，应遵循下列基本要求：

（1）实行全员管理　只有最广泛的群众基础，才能有效实现这种以预防为主的点检制。

（2）设置专职点检员

（3）点检员应有相应的管理职能、职权

（4）要有一套科学的点检标准、点检表和制度　点检工作的方法可归纳为12个工作环节：

1）定点。确定设备需要检查的维护点。

2）定标。制订检查、处理标准。

3）定期。按点的不同确定检查周期。

4）定项。检查的项目要明确做出规定，一点也可能有多项。

5）定人。确定检查人。

6）定法。确定检查方法和检查手段。

7）检查。检查的环境条件，是停机还是运行，设备解体或不解体。

8）记录。逐点检查，按规定格式认真记录。

9）处理。检查中发现的问题的处理情况。

10）分析。对检查记录和处理记录进行定期分析，找出薄弱环节，将分析情况反馈给管理部门。

11）改进。根据记录和分析的问题，采取改进措施。

12）评价。对每一项的改进都要进行评价，要看经济效果，然后不断完善，进行循环往复的实施，提高设备管理水平。

三、设备维修

1. 设备故障发生的规律

与设备磨损三个阶段相对应，设备故障发生过程也分三个阶段，下图为设备故障发生的变化曲线，因此曲线形状似"澡盆"，故称浴盆曲线。

（1）初期故障阶段　从设备安装调试至生产使用阶段，其特点是故障率高，但随时间的推移故障迅速下降。产生故障的原因是设计和制造工艺上的缺陷所致。采取的维修对策是加强原材料的检查，加强调试中的检查。

（2）偶发故障阶段　故障率明显降低，设备处于稳定运行阶段，即正常工作时期。产生故障的原因一般是由于设备的使用和维护不当，工作条件变化等原因。采取的维修对策是改进使用管理，加强日常的维护保养。

（3）耗损故障阶段　故障急剧上升，设备性能下降。

（4）产生故障的原因　设备零部件因使用时间过长而磨损、老化、腐蚀加剧，逐步丧失机能所致。应采取预防性维修。

2. 设备修理方式与分类

设备在使用过程中，随着零部件磨损程度的加大，设备的技术状况将逐渐劣化，以致设备的功能和精度难以满足产品质量和数量的要求，甚至发生故障。设备技术状态劣化或发生故障后，为了恢复其功能和精度，采取更新或修复磨损、失效的零件，并对局部或整机检查、调整的技术活动，称为设备修理。

四、修理方式

国内外普遍采用的修理方式有预防修理和事后修理，预防修理又分状态监测修理和定期修理。

选择设备修理方式的一般原则是通过修理，恢复设备规定的功能和精度，提高设备的可靠性，并充分利用零部件的有效寿命；力求修理费与设备停修对生产的经济损失两者之和为最小。

1. 预防修理

为防止设备的功能、精度降低到规定的临界值或减低故障率，按事先制订的计划和技术要求所进行的修理活动。

2. 状态监测修理

以设备实际技术状态为基础的预防修理方式。一般采用日常点检和定期检查来查明设备技术状态。针对设备的劣化部位及程度，在故障发生前，适时地进行预防修理，排除故障隐患，恢复设备的功能和精度。

优点是设备经常保持完好状态，充分利用零部件的使用寿命。缺点是经济性较差。适用于重大关键设备，故障发生后会引起公害的设备。

3. 定期修理

以设备运行的时间为基础，具有对设备进行周期性修理的特点，根据设备的磨损规律，事先确定修理类别、修理间隔期、修理内容及技术要求。适用于掌握磨损规律的设备。缺点是易造成修理过剩或修理不足。

4.事后修理

设备发生故障或性能和精度降到合格水平以下，因不能再使用所进行的非计划修理。对于因设备故障而导致较大损失的设备，不宜采用事后维修。但对于故障停机后再修理不会造成损失的设备，事后维修更经济。

五、修理分类

根据修理内容和技术要求以及工作量的大小分大修、项修、小修。

1.大修

工作量最大的计划修理。大修时，对设备的全部或大部分部件解体；修复基准件，更换或修复全部不合格的零件；修复和调整设备的电气及液、气动系统；修复设备的附件及翻新外观等；达到全面消除修前存在的缺陷，恢复设备的规定功能和精度。

2.项修

根据设备的实际状况，对状态劣化难以达到生产工艺要求的部件进行针对性修理。

3.小修

工作量最小的计划修理。

六、机器人机械易损件和电气线路日常维护知识

1.机器人控制柜保养

1）断掉控制柜的所有供电电源。

2）检查主机板、存储板、计算板以及驱动板。

3）检查柜子里面无杂物、灰尘等，查看密封性。

4）检查接头是否松动，电缆是否松动或者有破损的现象。

5）检查风扇是否正常。

6）检查程序存储电池。

7）优化机器人控制柜硬盘空间，确保运转空间正常。

8）检测示教盒按键的有效性，急停回路是否正常，显示屏是否正常显示，触摸功能是否正常。

9）检测机器人是否可以正常完成程序备份和重新导入功能。

10）检查变压器以及熔丝。

2.机器人本体保养

1）检查各轴电缆，动力电缆与通信电缆。

2）检查各轴运动状况。

3）检查本体齿轮箱，手腕等是否有漏油，渗油现象。

4）检查机器人零位。

5）检查机器人电池。

6）检查机器人各轴电动机与制动。

7）检查各轴加润滑油。

8）检查各轴限位挡块。

机器人维护保养说明见表5-2。

表 5-2 机器人维护保养说明表

维护类型	设备	周期	注意	关键词
检查	轴 1 的齿轮，油位	12 个月	环境温度 < 50℃	检查，油位，变速器 1
	轴 2 的齿轮，油位			检查，油位，变速器 2
	轴 3 的齿轮，油位			检查，油位，变速器 3
	轴 4 的齿轮，油位		—	检查，油位，变速器 4
	轴 5 的齿轮，油位			检查，油位，变速器 5
	轴 6 的齿轮，油位		环境温度 < 50℃	检查，油位，变速器 6
	平衡设备			检查，平衡设备
	机器手电缆			检查动力电缆
	轴 2~5 的节气闸		—	检查轴 2~5 的节气闸
	轴 1 的机械制动			检查轴 1 的机械制动
更换	轴 1 的齿轮油	48 个月	环境温度 < 50℃	更换，变速器 1
	轴 2 的齿轮油			更换，变速器 2
	轴 3 的齿轮油			更换，变速器 3
	轴 4 的齿轮油			更换，变速器 4
	轴 5 的齿轮油			更换，变速器 5
	轴 6 的齿轮油			更换，变速器 6
	轴 1 的齿轮	96 个月	—	—
	轴 2 的齿轮			
	轴 3 的齿轮			
	轴 4 的齿轮			
	轴 5 的齿轮			
	轴 6 的齿轮			
	机械手动力电缆		检测到破损或使用寿命到期的时候更换	
	SMB 电池	36 个月		

七、机器人本体部分易耗件易损件的知识

此处以焊接机器人为例说明：

1. 机器人日常维护

1）擦洗机器人各轴。

2）检查 TCP 的精度。

3）检查清渣油油位。

4）检查机器人各轴零位是否准确。

5）清理焊机水箱后面的过滤网。

6）清理压缩空气进气口处的过滤网。

7）清理焊枪喷嘴处杂质，以免堵塞水循环。

8）清理送丝机构，包括送丝轮、压丝轮、导丝管。

9）检查软管束及导丝软管有无破损及断裂（建议取下整个软管束用压缩空气清理）。

10）检查焊枪安全保护系统是否正常，以及外部急停按钮是否正常。

2. 月检查及维护

1）润滑机器人各轴。其中 1~6 轴加白色润滑油，油号：86E006。

2）RP 变位机和 RTS 轨道上的红色油嘴加润滑脂，油号：86K007。

3）RP 变位机上的蓝色加油嘴加灰色的导电脂，油号：86K004。

4）送丝轮滚针轴承加润滑油（少量润滑脂即可）。

5）清理清枪装置，加注气动马达润滑油（普通机油即可）。

6）用压缩空气清理控制柜及焊机。

7）检查焊机水箱冷却水水位，及时补充冷却液（纯净水加少许工业酒精即可）。

8）完成 1）~7）项的工作外，执行日常维护的所有项目。

3. 机器人的维护保养工作由操作者负责

每次保养必须填写保养记录，当设备出现故障时应及时汇报给维修，并详细描述故障出现前设备的情况和所进行的操作，积极配合维修人员检修，以便顺利恢复生产。公司对设备保养情况将进行不定期抽查，建议操作者在每班交接时仔细检查设备完好状况，记录好各班设备运行情况。

4. 机器人的管理条例

操作者必须严格按照保养计划书保养维护好设备，严格按照操作规程操作，当设备发生故障时应及时向维修反映设备情况，包括故障出现的时间、故障的现象，以及故障出现前操作者进行的详细操作等，以便维修人员正确快速地排除故障。如实反映故障情况，将有利于故障的排除。

测 试 题

一、简答题

1. 什么是物料管理？

2. 物料管理部门的职能范围包括哪些方面？

3. 物料的定义是什么？

4. 仓库物资管理人员的主要职责是什么？

5. 设备的定义是什么?

6. 衡量设备管理水平的标志有哪些因素?

7. 简述企业设备采购的流程。

8. 企业员工发展，一般分为几个阶段?

9. 企业如何做好员工激励?

10. 简述工业机器人日常维护方法。

参 考 文 献

[1] 汤嘉荣，倪元相 . 工业机器人电气与机械维修 [M] . 西安：西北工业大学出版社，2016.

[2] 许志才，胡昌军 . 工业机器人编程与操作 [M] . 西安：西北工业大学出版社，2016.

[3] 马法尧，王相平 . 生产运作管理 [M] . 3 版 . 重庆：重庆大学出版社，2015.

[4] 中国就业培训技术指导中心 . 国家职业资格培训教程维修电工（技师、高级技师）[M] . 2 版 . 北京：中国劳动社会保障出版社，2014.